IL TEMPO COME ARMA DI GUERRA

H.A.A.R.P - Programma di ricerca aurorale attiva ad alta frequenza

José Ruiz Watzeck

WATZECK HOME STUDIUS DIGITAL

SOMMARIO

Il clima come arma di Guerra

HAARP

Armi geofisiche, manipolazioni climatiche.
Guerra senza sparare un solo colpo.

2a edizione
Giugno 2024

WATZECK HOME STUDIUS DIGITALE

UNA BREVE STORIA DEL PROGETTO

HAARP è forse l'esperimento militare più pericoloso condotto fino ad oggi al mondo, ad eccezione della prima esplosione di una bomba atomica.

La rivista Popular Science del novembre 1995 presenta un articolo su HAARP. Questa rivista normalmente spensierata e divertente ha condannato con veemenza ciò che si sta costruendo in Alaska. Nel rapporto si afferma che l'HAARP (High Frequency Active Auroral Research Program), amministrato dal Pentagono e coordinato dall'USAF (United States Air Force) attraverso l'Università dell'Alaska e il Naval Research Laboratory/USNAVY, mira a "comprendere, simulare e controllare "processi" a 550 km di altitudine, che potrebbero rivoluzionare i sistemi di comunicazione e sorveglianza militare. Il progetto, avviato nel 1990, prevedeva una serie di esperimenti nell'arco di vent'anni. Il team è fornito da Advanced Power Technologies, una filiale con sede a Washington DC,. E-System di Dallas, ex produttore di tecnologie per progetti top secret, e Raytheon Company, azienda americana.

Tuttavia, secondo il rapporto, Richard Williams, chimico fisico e consulente presso il Laboratorio Sarnoff dell'Università di Princeton, è preoccupato. Speculazioni e controversie circondano la questione se HAARP possa causare danni irreparabili all'atmosfera superiore della Terra. HAARP irradierà miliardi di watt di energia radio nella ionosfera e non sappiamo come andrà a finire. La ionosfera, situata tra i 60 e i 1.000 km di altitudine, riflette le onde radio per la sua composizione. Esperimenti su questa scala potrebbero causare danni irreparabili all'atmosfera superiore della Terra in un breve lasso di tempo.

Secondo Popular Science, la rappresentante dello stato dell'Alaska

Jeanette James, il cui distretto circonda il sito HAARP, ha chiesto più volte ai funzionari dell'aeronautica militare informazioni sui progetti e la risposta è stata di non preoccuparsi. Dice: "Dentro di me sento che è spaventoso. Sono scettica. Non credo che sappiano cosa stanno facendo".

ARMA GEOFISICA: HAARP può causare un terremoto inviando la frequenza di risonanza del terremoto (2,5 Hz) alla ionosfera. La ionosfera riflette questa frequenza verso la superficie terrestre, penetrando nel suolo per diversi chilometri. Il terremoto è causato dall'alterazione del flusso del magma e della crosta terrestre.

MANIPOLAZIONE DEL TEMPO: HAARP può modificare temporaneamente l'atmosfera superiore eccitando elettroni e ioni con energia radio focalizzata. Ciò può modificare la composizione molecolare di una determinata regione della ionosfera, aumentando artificialmente le concentrazioni di ozono, azoto, gas, ecc., per modificare la temperatura dell'alta atmosfera e, di conseguenza, il clima della regione. Un'analogia potrebbe essere un forno a microonde domestico che riscalda il cibo eccitando le sue molecole d'acqua con l'energia radio delle microonde.

Progressi nella tecnologia militare:

Radar di rilevamento di aerei Stealth: invia onde radio alle regioni della ionosfera superiore e inferiore per formare lenti "virtuali" o "specchi" nel cielo, in grado di riflettere e rilevare variazioni in un'ampia gamma di segnali radio sopra l'orizzonte, scoprendo missili e aerei invisibili.

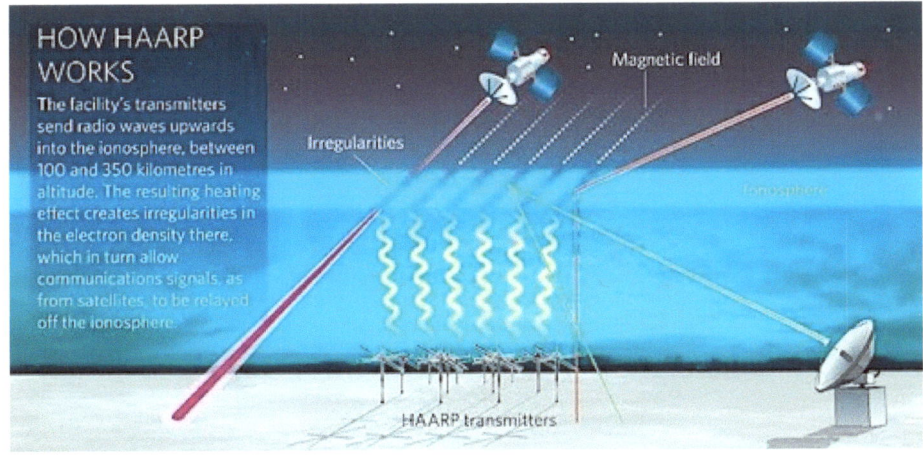

Comunicazione terra-sottomarino: invia onde ad alta potenza nella ionosfera, utilizzandola come riflettore per le onde ELF, consentendo la comunicazione a lunga distanza con i sottomarini profondamente immersi nell'oceano.

Scudo missilistico globale: uno scudo missilistico a raggio globale che distruggerebbe missili e aerei (compresi gli aerei civili) causando il guasto dei loro sistemi di guida elettronica a causa di surriscaldamento o interruzione durante il volo attraverso un potente campo elettromagnetico.

Illustrazione del complesso dell'antenna in Alaska.

PREFAZIONE

Questo lavoro si propone di riflettere sull'influenza di HAARP sul clima locale e globale del pianeta. L'obiettivo, quindi, è comprendere meglio le anomalie climatiche, come siccità prolungate, piogge torrenziali, uragani e tsunami, che sono causa di crescente preoccupazione a livello globale. Il metodo utilizzato è stato lo studio di varie bibliografie su questi fenomeni, che fino a poco tempo fa venivano comunemente attribuiti al "Global Warming".

Tuttavia, vi sono prove crescenti che suggeriscono che tecnologie avanzate come HAARP potrebbero svolgere un ruolo importante nella modificazione del clima. Si sa poco, e ancor meno si fa ricerca, sulle nuove armi che influenzano il clima globale. I media non si preoccupano di informare la popolazione su questi possibili impatti, e quando alcuni veicoli decidono di menzionare la questione, le persone tendono ad essere più preoccupate di conoscere la formazione della loro squadra del cuore o l'episodio di una particolare telenovela.

In questo contesto, le basi contenute in questo progetto sono state compilate da documenti ufficiali nordamericani, pubblicati sul sito web della Difesa americana, del Dipartimento di Meteorologia (NOAA National Oceanic and Atmospheric Administration), dell'USGS Geological Survey e dell'American Seismology Institute. Inoltre, sono stati presi in considerazione rapporti indipendenti e articoli scientifici che discutevano la potenziale influenza di programmi come HAARP sul cambiamento dei modelli climatici. Questo lavoro mira non solo a chiarire questi possibili impatti, ma anche ad aumentare la consapevolezza critica sulla necessità di maggiore trasparenza e ricerca sulle tecnologie di modificazione climatica e sulle loro conseguenze per il pianeta.

INTRODUZIONE

Il presente lavoro intraprende un'analisi approfondita del Progetto HAARP (High Frequency Active Auroral Research Program), delineandone le origini, gli sviluppi storici e, soprattutto, la rilevanza della sua ricerca nell'ambito scientifico contemporaneo. Questo progetto, concepito come iniziativa congiunta tra l'Aeronautica Militare, la Marina degli Stati Uniti, la Defense Advanced Research Projects Agency (DARPA) e l'Università dell'Alaska, emerge come un contributo fondamentale alla comprensione della ionosfera terrestre.

L'introduzione del progetto HAARP è stata guidata dall'urgente necessità di indagare e comprendere le complessità della ionosfera, uno strato strategico dell'atmosfera caratterizzato dalla presenza di particelle elettricamente cariche. Motivati dall'obiettivo di migliorare la comprensione delle interazioni ionosferiche e di esplorare le applicazioni pratiche che emergono da questa ricerca, gli architetti di HAARP hanno progettato un'infrastruttura tecnologica unica, composta da una serie di antenne ad alta frequenza situate in Alaska.

Nel corso del tempo, il progetto HAARP si è evoluto sia nella portata che nella metodologia, cercando di chiarire i fenomeni aurorali e indagare gli effetti dell'interazione tra le radiofrequenze e la ionosfera. Nel contesto scientifico, questo sforzo offre una piattaforma unica per condurre esperimenti controllati, consentendo l'osservazione e l'analisi dei fenomeni atmosferici e le loro implicazioni per le comunicazioni radio, la navigazione e la sorveglianza.

In questo contesto, la rilevanza del Progetto HAARP trascende il campo puramente scientifico, estendendosi a sfere più ampie della società contemporanea. La migliore comprensione della ionosfera fornita da questa ricerca non solo guida i progressi scientifici, ma solleva anche domande e talvolta speculazioni che trascendono i confini del mondo accademico. È in questo scontro tra ricerca di conoscenza e percezioni popolari che questo lavoro cerca di situarsi, offrendo un'analisi equilibrata e fondata del Progetto HAARP e delle sue molteplici implicazioni.

Oltre a delineare le basi e l'evoluzione del progetto HAARP, questo lavoro mira a presentare una visione completa dei molteplici aspetti associati a questa impresa scientifica. Tra gli obiettivi principali di questo libro, spicca l'intenzione di fornire un aggiornamento sostanziale sui più recenti progressi del Progetto HAARP, contestualizzandoli all'interno dello scenario globale della ricerca ionosferica. La motivazione di questo sforzo editoriale risiede nella necessità di offrire ai lettori una sintesi aggiornata e approfondita, rivedendo e ampliando gli orizzonti concettuali stabiliti nella prima edizione. Allo stesso tempo, abbiamo cercato di mitigare eventuali lacune e domande emerse dal dialogo generato dal lavoro precedente.

La panoramica del libro copre non solo le sfumature tecniche e scientifiche del progetto HAARP, ma anche gli aspetti sociali, etici e culturali intrinseci alla ricerca ionosferica. Pertanto, i lettori intraprenderanno un viaggio che spazia dalla comprensione degli esperimenti condotti presso la struttura dell'Alaska all'analisi critica delle teorie del complotto che circondano questo progetto, fornendo una solida base per la formazione di prospettive informate. Nelle pagine seguenti, i capitoli di questo lavoro saranno delineati in una sequenza logica, che spazia dagli elementi scientifici fondamentali alle implicazioni sociali e alle direzioni future della ricerca ionosferica. La nostra speranza è che questo lavoro serva non solo come raccolta di conoscenze, ma come stimolo per la riflessione e l'interrogatorio costruttivo, promuovendo un dialogo aperto e informato sulle molteplici dimensioni del progetto HAARP.

JOSÉRUIZ WATZECK

CAPITOLO 1: CONTESTO STORICO

Il progetto HAARP (High Frequency Active Auroral Research Program) è un'iniziativa finanziata dall'aeronautica militare, dalla marina e dall'Università dell'Alaska con lo scopo ufficiale di "comprendere, simulare e controllare i processi ionosferici che possono cambiare il modo in cui comunicano". e monitorare le aurore". I sistemi funzionano". L'embrione concettuale culminato nel progetto HAARP ha trovato le sue radici in un contesto storico complesso, dove le esigenze della ricerca scientifica, i progressi tecnologici e le considerazioni strategiche convergevano in modo unico.

Gli anni Cinquanta videro uno scenario geopolitico caratterizzato dalla Guerra Fredda, con un'intensa competizione tra Stati Uniti e Unione Sovietica su più fronti, tra cui quello scientifico e tecnologico. La crescente dipendenza dai sistemi di comunicazione e navigazione basati su radiofrequenza durante questo periodo ha suscitato un grande interesse per la comprensione e la manipolazione delle proprietà ionosferiche, poiché queste condizioni atmosferiche hanno avuto un impatto diretto su tali sistemi. Lo sviluppo della tecnologia radar e la crescente comprensione delle proprietà della ionosfera hanno gettato le basi per la ricerca di metodi più avanzati di ricerca atmosferica. L'iniziativa volta a esplorare la possibilità di influenzare la ionosfera attraverso l'applicazione delle radiofrequenze ha acquisito slancio, dando vita a esperimenti teorici pionieristici che hanno aperto la strada al progetto HAARP.

Il Progetto, nella sua forma nascente, è stato concepito negli anni '90. Nei decenni successivi il Progetto HAARP si è evoluto notevolmente, segnato da progressi tecnologici e sperimentazioni innovative. Traguardi importanti includono la costruzione di antenne ad alta frequenza, che sono diventate la spina dorsale della struttura, e la conduzione di esperimenti di successo per studiare le proprietà della ionosfera in varie condizioni.

Si ipotizza che il progetto HAARP sia un'arma statunitense in grado di controllare il clima, causando inondazioni e altre catastrofi. Nel 1999, il Parlamento Europeo ha emesso una risoluzione in cui dichiarava che HAARP aveva manipolato l'ambiente per scopi militari, chiedendo un'indagine sul progetto da parte dello Scientific and Technological Options Assessment (STOA), l'organismo dell'Unione Europea responsabile dello studio e della valutazione delle nuove tecnologie . Nel 2002, il parlamento russo ha presentato al presidente Vladimir Putin un rapporto firmato da 90 deputati delle commissioni degli affari esteri e della difesa, in cui si affermava che HAARP era una nuova "arma geofisica" in grado di manipolare la bassa atmosfera della Terra.

Nel maggio 2014, l'aeronautica americana ha annunciato che il progetto sarebbe stato interrotto. HAARP è stato creato dal senatore americano Ted Stevens, che ha esercitato un grande controllo sul bilancio della difesa statunitense. Durante un'audizione al Senato degli Stati Uniti nel 2014, il vice segretario aggiunto per la scienza, la tecnologia e l'ingegneria dell'Aeronautica militare ha affermato che questa "non è un'area di cui abbiamo bisogno in futuro" e che non sarebbe un buon uso dei fondi dell'Aeronautica Forza il mantenimento di HAARP. Commenti di questo tipo hanno contribuito all'emergere di teorie cospirative sul progetto, che è stato ufficialmente chiuso a metà del 2015.

Il sito HAARP si trova a Gakona, Alaska, a ovest di Wrangell-St. Elia. Dopo uno studio sull'impatto ambientale è stata autorizzata l'installazione di una rete di 180 antenne. HAARP è stato costruito sul sito di un ex impianto radar, che ora ospita il centro di controllo HAARP, una cucina e diversi uffici. Altre piccole strutture ospitano vari strumenti scientifici. Il componente principale di HAARP è lo Ionospheric Research Instrument (IRI), un riscaldatore ionosferico. Si tratta di un sistema di trasmissione ad alta frequenza (HF) utilizzato per modificare temporaneamente la ionosfera. Lo studio di questi dati fornisce informazioni importanti per comprendere i processi naturali che avvengono nella ionosfera.

Durante il processo di ricerca ionosferica, il segnale generato dal trasmettitore viene inviato al campo dell'antenna, che lo trasmette al cielo. Ad un'altitudine compresa tra 100 e 350 km, il segnale si dissipa parzialmente, concentrandosi in una massa alta centinaia di metri e con un diametro di diverse decine di chilometri sopra il sito. L'intensità del segnale ad alta frequenza nella ionosfera è inferiore a 3 $\mu W/cm^2$, decine di migliaia di volte più piccola della radiazione elettromagnetica naturale che raggiunge la Terra dal Sole e centinaia di volte più piccola dei cambiamenti casuali nell'energia della radiazione ultravioletta (UV). .) che mantiene la ionosfera. Tuttavia, gli effetti prodotti da HAARP possono essere osservati con gli strumenti scientifici presenti in tali strutture.

Il sito di progetto è stato realizzato in tre diverse fasi:

1. Prototipo di sviluppo: con 18 antenne disposte in tre colonne per sei file, alimentate da 360 kilowatt (kW), questo prototipo trasmetteva energia sufficiente per i test ionosferici più basilari.

2. Prototipo di sviluppo completo: con 48 antenne disposte in sei colonne di otto file, con una potenza di trasmissione di 960 kW, era paragonabile ad altre stazioni di riscaldamento ionosferiche e nel corso degli anni è stato utilizzato in numerosi esperimenti scientifici e ionosferici di successo.

3. Strumento finale di rilevamento ionosferico: Con 180 antenne disposte in quindici colonne di dodici file, con un guadagno teorico massimo di 31 dB, alimentate da una trasmissione da 3,6 MW. La fase finale è stata completata nel marzo 2007 e il sistema di antenne è stato sottoposto a test prestazionali per soddisfare gli standard di sicurezza richiesti dalle agenzie di regolamentazione.

Il progetto è entrato ufficialmente in funzione nell'estate del 2007, emettendo un'energia di radiazione effettiva di 5,1 Gigawatt.

Ogni antenna è costituita da un dipolo incrociato che può essere polarizzato per trasmettere e ricevere in modalità lineare comune o modalità straordinaria. La potenza effettiva irradiata dal riscaldatore è limitata di un fattore maggiore di 10 alla frequenza minima di funzionamento a causa delle elevate perdite prodotte dalle antenne e del loro comportamento inefficiente. HAARP può trasmettere in una gamma di frequenze compresa tra 2,8 e 10 MHz, al di sopra delle trasmissioni radio AM e al di sotto delle frequenze libere. HAARP può trasmettere solo su determinate frequenze, con una larghezza di banda del segnale trasmesso pari o inferiore a 100 kHz e può trasmettere in modo continuo o con impulsi di 100 microsecondi. La trasmissione continua è utile per la modificazione ionosferica, mentre la trasmissione pulsata viene utilizzata per il radar. Gli scienziati possono sperimentare entrambi i metodi, modificando la ionosfera in un periodo di tempo predeterminato e misurando l'attenuazione degli effetti con trasmissioni di impulsi.

Negli ultimi anni si sono verificati centinaia di eventi meteorologici devastanti in tutto il mondo e alcuni governi attribuiscono questi eventi al Programma di ricerca aurorale attiva ad alta frequenza (HAARP). Questo programma, inizialmente sviluppato per migliorare le comunicazioni radio per l'esercito americano, è ora oggetto di controversia e si ipotizza che sarà utilizzato esclusivamente per scopi militari nel 2025.

In questo contesto, il lavoro si propone di promuovere la discussione sulla tesi del riscaldamento globale, tema ampiamente dibattuto in diversi ambiti. Attraverso questi studi, è emersa la teoria secondo cui la manipolazione della ionosfera da parte di HAARP potrebbe alterare il clima della Terra, causando siccità prolungate in alcune regioni e piogge torrenziali in altre. Inoltre, potrebbe modificare il percorso degli uragani e causare tsunami in qualsiasi parte del mondo, consentendo deliberate manipolazioni climatiche.

Queste accuse riguardano e sollevano importanti domande sugli impatti ambientali ed etici della ricerca condotta da HAARP. È fondamentale continuare la ricerca su questi fenomeni per comprendere meglio le possibili conseguenze delle attività umane sul clima globale.

CAPITOLO 2: IL VALORE STRATEGICO DELLA IONOSFERA

La ionosfera, uno strato cruciale dell'atmosfera situato a circa 350 km dalla superficie terrestre, svolge un ruolo fondamentale nella protezione del pianeta dalle radiazioni cosmiche. Composta da gas ionizzati (plasma) per effetto dell'assorbimento della radiazione solare a lunghezze d'onda corte, come i raggi gamma e i raggi X, la ionosfera ha la capacità di disintegrare i meteoriti che attraversano questo strato, creando le cosiddette stelle cadenti. Questa "energia fredda" ha permesso l'invenzione del forno a microonde domestico.

I limiti superiore e inferiore della ionosfera non sono ben definiti. Al di sotto dei 70 km e al di sopra dei 1.000 km, i processi di produzione (fotoionizzazione e ionizzazione corpuscolare) sono bilanciati dai processi di perdita (ricombinazione ionica, ricombinazione elettronica e scambio elettronico). La fotoionizzazione, causata dalla radiazione solare (UV, EUV e RX), è il principale processo di produzione degli ioni. Il plasma ionosferico è fortemente influenzato dalle variazioni dei livelli di radiazione solare, con conseguenti cambiamenti diurni, stagionali e del ciclo solare. Il processo di ricombinazione, invece, è complementare alla fotoionizzazione, dove elettroni liberi e ioni positivi si uniscono per formare una particella neutra e un fotone. Nell'atmosfera superiore, i componenti chimici neutri sono estremamente rarefatti.

Secondo Smith (2013), la ionosfera è completamente ionizzata, il che significa che perde e acquista facilmente elettroni, mantenendo una conduzione elettrica costante. Il Sole è il principale agente ionizzante della ionosfera, ma anche i meteoriti e i raggi cosmici influenzano in modo significativo la presenza di ioni.

La densità degli ioni liberi nella ionosfera varia a seconda dell'ora del giorno, della stagione e dei cicli solari. Ogni 11 anni, la densità elettronica e la composizione della ionosfera cambiano drasticamente, bloccando potenzialmente qualsiasi comunicazione ad alta frequenza. Le variazioni delle onde ionosferiche producono anche le aurore, che sono trasformazioni di gas ionizzato a bassa densità causate da cambiamenti nell'intensità del vento solare. Queste aurore, come l'aurora boreale, di solito compaiono nel passaggio dal giorno alla notte, quando le particelle di plasma elettrico vengono catturate dal campo magnetico terrestre.

Il plasma della ionosfera e le sue oscillazioni elettriche influenzano le condizioni atmosferiche e meteorologiche del pianeta, oltre ad avere un impatto significativo sulle comunicazioni radio. La ionosfera facilita essenzialmente il movimento delle onde radio emesse dalla superficie terrestre, permettendo loro di percorrere lunghe distanze grazie alle particelle ioniche presenti in questo strato.

Concetti teorici della ionosfera nel corso degli anni

Il vento solare, un'emissione continua di particelle cariche dalla corona solare, comprende elettroni, protoni e sottoparticelle come i neutrini. Vicino alla Terra, la velocità di queste particelle può variare tra 400 e 800 km/s, con densità prossime a 10 particelle per centimetro cubo.

L'esistenza della ionosfera è nota da più di due secoli. Nel 1839, CF Gauss ipotizzò l'esistenza di uno strato conduttivo basandosi sulle sue osservazioni del campo magnetico terrestre. Nel 1902, A.E. Kennelly e O. Heaviside usarono il concetto di questo strato per spiegare il successo della trasmissione transoceanica delle onde radio di Marconi. Lo scetticismo sull'esistenza dello strato conduttivo fu dissipato nel 1925, quando EV Appleton e MAF Barnett in Inghilterra, e G. Breit e MA Porque negli Stati Uniti registrarono le riflessioni delle onde a radiofrequenza attraverso lo strato "Kennelly-Heaviside".

Il plasma viene spesso definito il quarto stato della materia, insieme a solidi, liquidi e gas. Si forma quando un gas viene riscaldato a temperature estremamente elevate o esposto a un forte campo elettrico, facendo sì che i suoi atomi perdano elettroni e formino ioni. Questo processo è noto come ionizzazione.

Ecco una spiegazione dettagliata sul plasma:

1. Natura del plasma

stati della materia: Allo stato solido le particelle sono rigidamente legate; nel liquido le particelle sono più sciolte e possono scorrere; Nel gas le particelle sono ancora più distanti e si muovono liberamente. Nel plasma, oltre alle particelle neutre (atomi e molecole), sono presenti anche un numero significativo di particelle cariche: ioni positivi ed elettroni liberi.

Ionizzazione: Quando l'energia (calore o campo elettrico) è sufficiente per separare gli elettroni dagli atomi, gli elettroni si muovono liberamente, dando origine a un gas ionizzato. Questo gas ionizzato è ciò che chiamiamo plasma.

2. Proprietà del plasma

Conduttività elettrica: A causa della presenza di elettroni e ioni liberi, il plasma è altamente conduttivo, a differenza dei gas neutri.

Risposte ai campi elettrici e magnetici: Le particelle cariche nel plasma rispondono fortemente ai campi elettrici e magnetici, consentendo di controllare e manipolare il plasma utilizzando questi campi.

emissione luminosa: Quando gli elettroni liberi nel plasma si ricombinano con gli ioni o entrano in collisione con atomi neutri, possono emettere luce. Ciò si osserva in fenomeni come fulmini, aurore e lampade fluorescenti.

3. Tipi di plasma

Plasma naturale: Gli esempi includono il Sole e altre stelle, i fulmini, le aurore e la ionosfera terrestre.

Plasmi artificiali: Creato nelle lampade fluorescenti, nei televisori al plasma, nelle macchine per il taglio al plasma e negli esperimenti di fusione nucleare.

4. Applicazioni del plasma

Tecnologia di illuminazione: le lampade fluorescenti e le lampade ai vapori di sodio utilizzano il plasma per generare una luce efficiente.

Elettronica: televisori al plasma e pannelli di visualizzazione utilizzano il plasma per creare immagini.

Produzione industriale: il taglio al plasma viene utilizzato per tagliare i metalli con precisione. I plasma vengono utilizzati anche nei processi di pulizia e rivestimento delle superfici.

Fusione nucleare: la ricerca sulla fusione nucleare, come i progetti del reattore Tokamak e dello Stellarator, cerca di utilizzare il plasma per creare una fonte di energia pulita e abbondante.

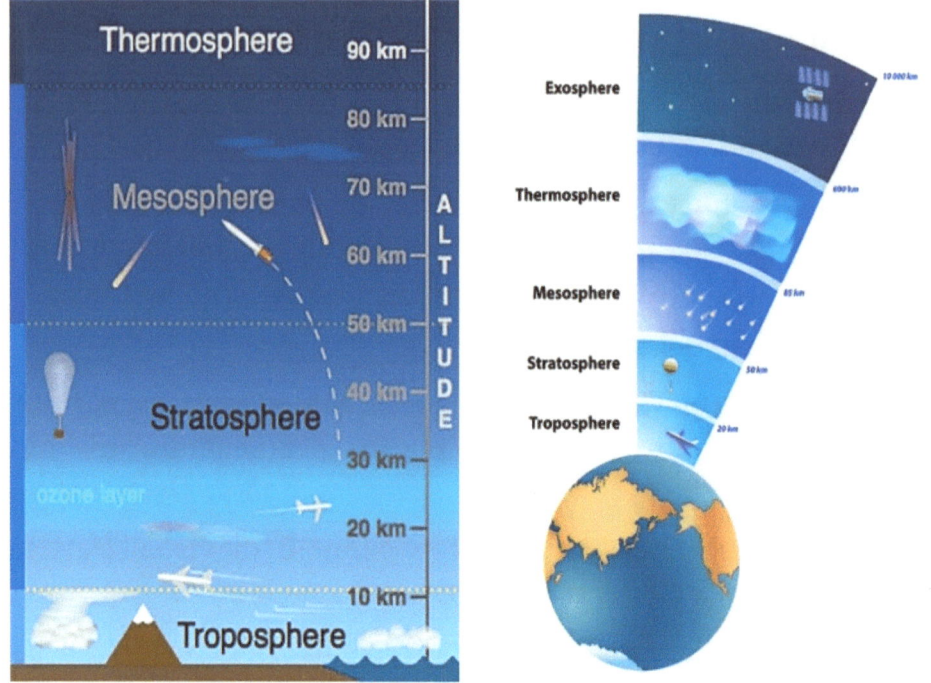

Gli strati atmosferici della Terra [immagine da Internet]

5. Fenomeni naturali legati al plasma

aurore: Si verificano quando le particelle cariche del vento solare interagiscono con il campo magnetico terrestre, ionizzando i gas nell'atmosfera superiore e creando luci brillanti.

Fulmine: Sono scariche elettriche naturali che danno origine al plasma, visibile come un lampo di luce.

6. Sfide nello studio del plasma

Controllo e confinamento: Il controllo del plasma è impegnativo a causa della sua elevata temperatura e reattività. Ciò è particolarmente importante negli esperimenti di fusione nucleare.

Interazioni complesse: Il comportamento del plasma è molto dinamico e può essere turbolento, il che ne rende complesso lo studio e la modellizzazione.

7. Caratteristiche fisiche

Temperatura: I plasmi possono raggiungere temperature estremamente elevate, superiori a quelle che si trovano nei nuclei delle stelle.

Densità: La densità del plasma può variare notevolmente, dai plasmi densi delle stelle ai plasmi a bassa densità dello spazio interstellare.

Per offrire una comprensione più completa e aggiornata della ionosfera, è interessante citare alcune ricerche recenti e le loro implicazioni.

Ricerca e applicazioni moderne sulla ionosfera

Negli ultimi anni le ricerche sulla ionosfera si sono intensificate, soprattutto con l'utilizzo di tecnologie avanzate come satelliti, radar e sistemi di misurazione remota. L'Agenzia spaziale europea (ESA) e la NASA hanno investito in modo significativo in programmi per monitorare e comprendere meglio questo strato dell'atmosfera. Progetti come Swarm dell'ESA, che consiste in una costellazione di satelliti, hanno permesso di mappare in dettaglio le variazioni della ionosfera e il loro impatto sul campo magnetico terrestre.

Impatto sulle comunicazioni e sulla navigazione

La ionosfera svolge un ruolo cruciale nelle comunicazioni radio e nella navigazione GPS. Le variazioni nella densità elettronica della ionosfera possono causare interferenze significative alle onde radio, influenzando la qualità delle comunicazioni e la precisione dei sistemi di navigazione. Studi recenti si concentrano sulla mitigazione di questi effetti sviluppando tecnologie in grado di compensare le distorsioni ionosferiche e migliorare l'affidabilità dei sistemi di comunicazione e navigazione.

Meteo spaziale e sicurezza

La ionosfera è anche un'area di interesse per lo studio della meteorologia spaziale, che comprende gli effetti delle tempeste solari e di altre attività causate dal sole sulla Terra. Queste tempeste possono causare disturbi nella ionosfera, causando interruzioni delle comunicazioni, blackout radio e problemi con i satelliti e le reti elettriche. La ricerca avanzata sta esplorando modi per prevedere queste tempeste e sviluppare strategie di mitigazione per proteggere le infrastrutture critiche.

Contributi alla scienza e alla tecnologia

Oltre alle applicazioni pratiche, la ricerca sulla ionosfera contribuisce alla scienza fondamentale fornendo approfondimenti sulla fisica del plasma e sulle interazioni tra la Terra e il Sole. Queste indagini sono essenziali per sviluppare modelli climatici più accurati e comprendere meglio i processi atmosferici che influenzano il clima globale.

La ionosfera e l'esplorazione dello spazio

La ionosfera è rilevante anche per l'esplorazione spaziale. Le missioni spaziali che attraversano questo strato, come i lanci di satelliti e i viaggi con equipaggio, devono considerare le sue proprietà per garantire operazioni sicure ed efficaci. Una comprensione dettagliata della ionosfera consente di pianificare rotte di volo che minimizzino i rischi e ottimizzino la comunicazione tra la Terra e il veicolo spaziale.

La ionosfera è uno strato complesso e dinamico dell'atmosfera terrestre, con impatti significativi su diverse aree della scienza e della tecnologia. La ricerca continua in questa regione non solo migliora la nostra conoscenza della Terra e del suo ambiente spaziale, ma promuove anche progressi tecnologici a beneficio della società in generale. La ricerca sulla ionosfera rimane quindi un'area di studio vitale, con implicazioni che vanno dal miglioramento delle comunicazioni globali alla protezione dagli effetti avversi del clima spaziale e terrestre.

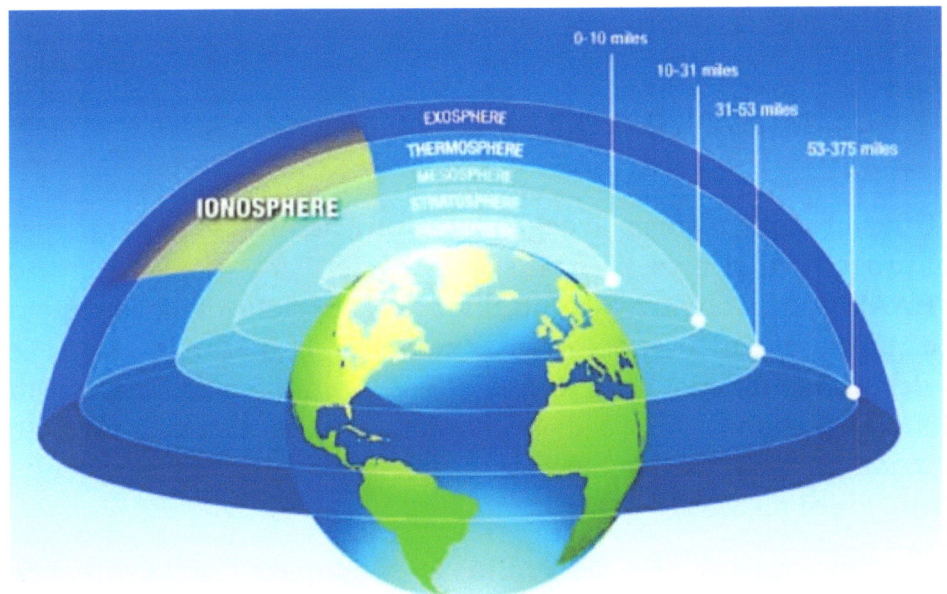

Gli strati atmosferici della Terra [immagine da Internet]

CAPITOLO 3 – L'INIZIO DI HAARP

Ufficialmente, il governo degli Stati Uniti, attraverso l'Agenzia per i progetti di ricerca avanzata (APPAP) del Pentagono, ha creato HAARP con l'obiettivo di studiare le proprietà della ionosfera e promuovere i progressi tecnologici. Utilizzando scariche elettromagnetiche, l'obiettivo è quello di migliorare i sistemi di comunicazione radio e di sorveglianza, oltre a creare un fitto scudo antimissile per bloccare possibili attacchi nucleari o una pioggia di meteoriti.

Di conseguenza, HAARP mira a sviluppare tecnologie che riducano al minimo le interferenze nelle onde radio a breve frequenza e nelle onde modulate in ampiezza aumentando la densità del plasma o del gas ionizzato per migliorare le prestazioni delle comunicazioni radio e dei sistemi di navigazione marittima e aerea, che utilizzano frequenze radio. È importante notare che il Pentagono ritiene che anche il miglioramento delle comunicazioni radio aumentando la densità del gas ionizzato (plasma) sia una strategia militare.

A livello civile, emittenti internazionali come Voice of America (VOA) e British Broadcasting Corporation (BBC) utilizzano ancora la ionosfera per inviare i loro segnali radio sulla Terra, consentendo ai loro programmi di essere ascoltati in tutto il mondo.
Inoltre, i segnali trasmessi dai satelliti per le comunicazioni e la navigazione devono passare attraverso la ionosfera. Secondo il sito web HAARP, le irregolarità ionosferiche possono avere un impatto notevole sulle prestazioni e sullo scopo dei sistemi televisivi e satellitari.

HAARP (High Frequency Active Auroral Research Program) è un progetto di ricerca creato nel 1993 per monitorare i cambiamenti delle onde nella ionosfera, che assorbe i raggi ultravioletti del sole e li converte in ioni ed elettroni. I trasmettitori radio e le onde telluriche possono essere modificati artificialmente utilizzando scariche elettrostatiche per comprimere e reindirizzare queste onde per vari scopi. La base di trasmissione di HAARP si trova a Gakona, in Alaska, dove una rete di 180 antenne rivolte verso il cielo funge da potente trasmettitore radio ad alta frequenza (in grado di produrre 10 megawatt di potenza quando il sistema funziona correttamente), utilizzato per modificare le proprietà elettromagnetiche in un limitato tempo. Zona della ionosfera. I processi che avvengono in quest'area vengono analizzati da altri strumenti, ma HAARP è spesso accusato di essere un'arma meteorologica militare, con una tecnologia in grado di produrre disastri naturali come fulmini, tempeste, uragani, tsunami, piogge torrenziali e terremoti, consentendo a una superpotenza di usa tutto. questa tecnologia contro i tuoi nemici. Disastri di tale portata sono sempre stati attribuiti a fenomeni climatici, ma nuove teorie suggeriscono che dietro queste distruzioni ci siano le azioni umane.

come esperimenti segreti per creare una nuova arma da guerra manipolando il clima della Terra. Questa tecnologia potrebbe trasformare le onde dell'oceano in tsunami, come quello recentemente verificatosi in Giappone e Indonesia, che potrebbe distruggere un'intera città.

Complesso di antenne HAARP in Alaska

L'inizio della teoria delle onde ELF nel 19° secolo

La cosa più intrigante è che questa tecnologia non è apparsa in questo secolo. Alcune teorie risalgono a più di cento anni fa, all'inventore Nikola Tesla, considerato il fondatore delle armi ad energia diretta. Tesla era un genio eccentrico, rivale di Thomas Edison, che nel 1891 inventò una bobina di trasformatore che viene utilizzata ancora oggi per generare correnti ad alta tensione e studiare l'elettricità. Tesla sviluppò la teoria secondo cui era possibile controllare il tempo utilizzando onde estremamente basse (ELF), che potevano essere incanalate nella ionosfera negli strati superiori dell'atmosfera. Riscaldando una regione della ionosfera, questo processo la spinge verso l'alto, creando un divario che altera la corrente a getto e il sistema di pressione, consentendo la manipolazione del clima. La ionosfera riscaldata funziona come una gigantesca diga, ridistribuendo il percorso delle correnti a getto che spostano miliardi di litri d'acqua attorno alla Terra, influenzando precipitazioni e tempeste.

Le teorie di Tesla potrebbero creare una nuova generazione di armi meteorologiche. Uno dei suoi obiettivi era controllare i fulmini, il che avrebbe consentito di eliminare rapidamente i bersagli. Secondo BEGICH (1997), i raggi possono emettere raggi X e raggi gamma, come pubblicato in riviste come Scientific American e Physics Today. Questa scoperta motiva indagini simili in Brasile.

Nikola Tesla: immagine su Internet

La ricerca sui fulmini è vecchia quanto l'elettricità, ma molti dei processi fisici alla base di queste scariche sono ancora poco conosciuti. Gli studi di laboratorio generano scariche di pochi metri, molto più piccole dei chilometri di un tipico fulmine. Sono in fase di sviluppo tecniche come l'induzione di fulmini nelle nuvole temporalesche.

In Brasile, la ricerca condotta dal Gruppo di Elettricità Atmosferica dell'INPE, associato a diverse istituzioni, mira a comprendere questi processi. Si cominciarono a fare osservazioni con i raggi X e con i raggi gamma, ma ancora senza successo. Il gruppo studia anche gli spiriti nelle tempeste associate ai fronti freddi e le variazioni nelle caratteristiche dei fulmini in diverse regioni del paese. Di questa ricerca rientra anche il progetto internazionale Troccibras.

Immaginate che questi raggi colpiscano carri armati o aerei da combattimento, secondo gli organizzatori di HAARP, che affermano che la tecnologia non ha scopi militari.

Scienziati e ricercatori come Jerry Smith, Nick Begich e Nick Pope ritengono che i fulmini potrebbero essere un'arma devastante in guerra, colpendo obiettivi con temperature di 27.000 gradi Celsius e causando cortocircuiti nei sistemi elettronici, essenziali nelle attrezzature belliche. Ciò influenzerebbe i radar, interromperebbe le comunicazioni e disorienterebbe la navigazione, oltre a interferire con i programmi informatici.

Altri paesi, come Russia e Cina, che dispongono di strutture di ricerca ionosferica, conducono programmi simili a HAARP. La collaborazione internazionale nella ricerca ionosferica è fondamentale per far avanzare la conoscenza scientifica e tecnologica globale. Queste collaborazioni possono aiutare a dissipare alcune delle controversie legate a queste tecnologie promuovendo la trasparenza e la condivisione delle informazioni o aumentando il livello di sfiducia tra la popolazione mondiale.

La discussione su HAARP e tecnologie simili solleva anche questioni etiche sull'uso responsabile della scienza e della tecnologia. La possibilità di manipolazione del clima o di uso militare di tali tecnologie richiede una regolamentazione rigorosa e un dibattito etico globale per garantire che i progressi scientifici vadano a beneficio dell'umanità nel suo complesso senza causare danni involontari o essere utilizzati per scopi distruttivi.

HAARP esemplifica come la scienza possa essere un campo di scoperte promettenti, ma anche di grandi responsabilità. Continuare a esplorare e comprendere la ionosfera e le sue interazioni con la Terra potrebbe portare a progressi significativi in diversi settori della tecnologia e della scienza. Tuttavia, è essenziale che la comunità scientifica e i governi collaborino per garantire che queste tecnologie siano utilizzate in modo etico e trasparente, promuovendo benefici globali e prevenendo potenziali abusi.

CAPITOLO 4: PRIMO ATTACCO
GEOFISICO AGLI USA

Nel luglio del 1976 si verificarono blackout inspiegabili nei sistemi di comunicazione di tutto il mondo. Una strana frequenza causava interferenze nelle trasmissioni radiofoniche, televisive e delle telecomunicazioni, soprattutto negli Stati Uniti. Secondo Smith (2010), autore di un libro sulle armi climatiche, questo segnale consisteva in dieci battiti seguiti da una pausa, ripetuta più volte. Gli scienziati americani scoprirono che l'enigmatico segnale proveniva dalla defunta Unione Sovietica e lo soprannominarono il "picchio russo".

Secondo Begich (2009), questo nome è stato dato perché il rumore catturato somigliava al suono di un picchio che becca. Sulla base delle fotografie satellitari, si diceva che i russi avessero costruito segretamente un gigantesco trasmettitore radio che emetteva onde a frequenza estremamente bassa, note come onde ELF, nell'atmosfera nordamericana. I russi continuarono a irradiare questo segnale fino al 1989, quando fu rilevato per l'ultima volta.

Secondo Farmer (2011), il "picchio russo" funzionava come un enorme radar, emettendo milioni di watt di energia a bassa frequenza. Ogni volta che veniva emesso un impulso appariva un ticchettio e ogni impulso conteneva una grande quantità di energia. Farmer suggerisce che i russi stessero cercando di proteggersi intercettando i missili balistici lanciati verso l'Unione Sovietica. In questo contesto, un radar transorizzontale sarebbe plausibile per rilevare un possibile attacco statunitense.

Tuttavia, altri ricercatori, come Smith (2010) e Ponte (2008), sospettavano qualcosa di più intrigante. Smith (2010) riferisce che nel momento in cui il segnale fu trasmesso si verificarono molti strani eventi.

Secondo Ponte (2008), nel luglio 1982, affermò che il segnale proveniente dalla Russia stava creando strati di ionizzazione artificiale nell'atmosfera superiore, riscaldandola. Ciò potrebbe influenzare la corrente a getto e alterare i modelli globali dei venti, come previsto dalla teoria di Nikola Tesla più di cento anni fa. Smith (2010) afferma che centinaia di ricerche sono state condotte nei laboratori militari per migliorare le emissioni di onde a bassa frequenza nell'atmosfera, e alcune di queste ricerche suggeriscono che è possibile manipolare la corrente a getto.

Complesso di antenne russe

Durante questo periodo accadde qualcosa di sinistro. Dal 1987 al 1992, la California ha vissuto una delle siccità più gravi della sua storia, con incendi, bestiame decimato, raccolti distrutti e prezzi dei prodotti alimentari alle stelle. La popolazione era terrorizzata e gli scienziati perplessi.

Climatologi come Smith (2010) e Ponte (2008) attribuiscono la siccità alle alte temperature, che hanno impedito all'umidità di entrare nella regione. Un sistema ad alta pressione si trova a 1.300 chilometri (800 miglia) lungo la costa dello stato, impedendo il normale flusso di umidità dall'Oceano Pacifico verso il continente, un'insolita anomalia atmosferica. In genere, i venti ad alta quota portano umidità sulla costa meridionale degli Stati Uniti occidentali e la corrente a getto soffia da ovest a est. Tuttavia, secondoAmministrazione nazionale oceanica e atmosferica (NOAA) 1999, tra il 1988 e il 1992, durante il periodo secco in California, si verificò un'anomalia nella corrente a getto, che iniziò a soffiare da est a ovest. All'inizio del 1995 i venti sono tornati alla loro direzione normale.

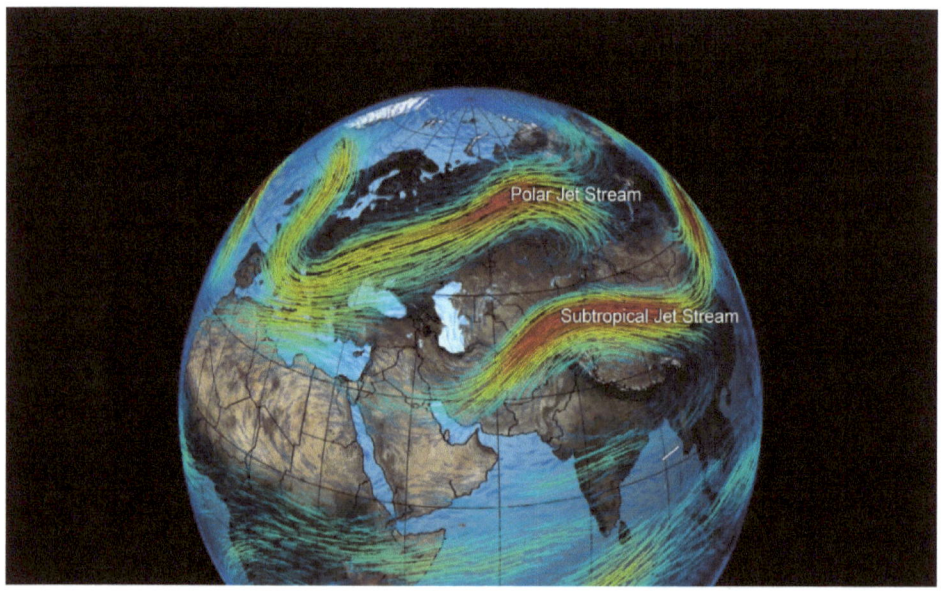

Correnti a getto subtropicali e del Polo Nord. Foto: NASA.

Quando gli americani iniziarono a mettere in dubbio queste anomalie, i sovietici negarono qualsiasi coinvolgimento nell'evento. Per gli americani, questo fu interpretato come un attacco meteorologico da parte dei sovietici.

Secondo il professor Keane (2009), uno degli elementi principali delle guerre climatiche è la negabilità plausibile, che rende difficile incolpare qualcuno, poiché non si sa se si tratti di un fenomeno naturale o di un'azione deliberata. Begich (2010) afferma che se riusciamo a far sì che la natura lavori per noi, possiamo intensificare le guerre segrete e negare tutte le accuse.

La corrente a getto (o getto ad alto livello) è un flusso d'aria veloce e stretto che si trova nell'atmosfera superiore della Terra. Questi forti venti si verificano vicino alla parte superiore della troposfera, che è lo strato più basso dell'atmosfera, tra 8 e 15 chilometri sopra la superficie terrestre. Le correnti a getto sono causate da grandi differenze di temperatura e pressione tra le diverse regioni dell'atmosfera.

Principali caratteristiche della corrente a getto

1. Velocità e direzione: le correnti a getto possono raggiungere velocità comprese tra 100 e 200 miglia all'ora e, in casi estremi, anche superiori. Generalmente scorrono da ovest a est in entrambi gli emisferi.

2. Posizione: ci sono due correnti a getto principali in ciascun emisfero:

    a- Corrente a getto polare: situata vicino ai poli, tra 50 e 60 gradi di latitudine.

    b- Corrente a getto subtropicale: si trova a latitudini più basse, tra 20 e 30 gradi.

3. Forma ed estensione: le correnti a getto sono irregolari e possono ondulare, creando modelli di onde lunghe e corte nell'atmosfera. Queste onde possono influenzare il clima e il tempo in varie regioni del mondo.

Funzione e importanza della corrente a getto

1. Influenza sul clima e sulle condizioni meteorologiche: le correnti a getto svolgono un ruolo cruciale nel determinare i modelli meteorologici e le condizioni meteorologiche.

Influenzano la formazione e il movimento dei sistemi di alta e bassa pressione, tempeste, fronti freddi e caldi.

2. Trasporto della massa d'aria: le correnti a getto agiscono come barriere e facilitatori nel trasporto di aria fredda e calda tra diverse parti del pianeta. Ciò contribuisce alla ridistribuzione del calore e dell'umidità, influenzando il clima globale.

3. Aviazione: le correnti a getto sono molto importanti per l'aviazione. I piloti spesso pianificano le loro rotte per sfruttare i venti favorevoli della corrente a getto, risparmiando carburante e tempo di volo. Tuttavia, possono anche essere pericolosi a causa della turbolenza associata.

Formazione di correnti a getto

Le correnti a getto si formano a causa delle differenze di temperatura tra le masse d'aria. Nel caso della corrente a getto polare, la differenza di temperatura tra l'aria fredda dell'Artico e l'aria più calda delle medie latitudini crea un gradiente di pressione che si traduce in forti venti nell'alta atmosfera. Nel caso della corrente a getto subtropicale, la causa principale è la differenza di temperatura tra l'aria calda ai tropici e l'aria più fredda alle medie latitudini.

Impatti delle anomalie del jet stream

Anomalie o cambiamenti nel comportamento delle correnti a getto possono avere impatti significativi sul clima e sulle condizioni meteorologiche. Ad esempio, una corrente a getto che si sposta verso nord o sud può modificare i modelli di precipitazione e temperatura, causando siccità o inondazioni in diverse regioni. Inoltre, i disturbi nella corrente a getto possono essere associati a eventi estremi come ondate di caldo, forti tempeste e inverni rigidi.

Secondo alcuni scienziati, climatologi, meteorologi e teorici della cospirazione, il progetto HAARP (High Frequency Active Auroral Research Program) potrebbe alterare in modo significativo le caratteristiche naturali e le funzioni delle correnti a getto sopra descritte. Le affermazioni di queste teorie includono la capacità di manipolare il clima globale e creare disastri naturali. Di seguito sono riportati alcuni esempi di come HAARP, sulla base di queste teorie, potrebbe avere un impatto sugli elementi menzionati nel testo:

Manipolazione del clima e del tempo

1. Influenza sul clima e sul tempo, manipolazione dei sistemi di alta e bassa pressione: le teorie suggeriscono che HAARP potrebbe generare o intensificare sistemi di alta o bassa pressione, influenzando tempeste e fronti freddi e caldi. Creazione di tempeste e uragani: sostengono che HAARP potrebbe indurre o amplificare tempeste e uragani modificando l'atmosfera superiore.

2. Trasporto aereo di massa:

Spostamento del getto d'aria: si suggerisce che HAARP possa cambiare la traiettoria dei getti d'aria, reindirizzando masse di aria calda o fredda verso regioni specifiche, causando cambiamenti climatici artificiali.

Formazione e funzionamento delle correnti a getto

1. Creazione di anomalie:

Induzione delle onde e cambiamenti nella corrente a getto: i teorici della cospirazione affermano che HAARP può creare onde anomale nella corrente a getto, influenzando i modelli meteorologici globali.

Cambiare la velocità e la direzione del vento: HAARP potrebbe, in teoria, cambiare la velocità e la direzione dei venti delle correnti a getto, causando eventi meteorologici estremi come ondate di caldo o freddo intenso.

Impatti e conseguenze

1. Siccità e inondazioni:
Manipolazione dei modelli di precipitazione: le teorie suggeriscono che HAARP potrebbe causare siccità o inondazioni controllando la quantità di umidità trasportata dalle correnti a getto in diverse regioni.

2. Eventi estremi:
Generazione di disastri naturali: sostengono che HAARP potrebbe creare terremoti, tsunami e altri disastri naturali modificando l'atmosfera e le correnti a getto.

Come presumibilmente funziona HAARP

Secondo queste teorie, HAARP utilizzerebbe trasmissioni ad alta frequenza per riscaldare parti specifiche della ionosfera, lo strato superiore dell'atmosfera. Questo riscaldamento potrebbe presumibilmente creare "specchi" ad alta pressione che reindirizzerebbero i flussi di getto e influenzerebbero il clima in modo controllato. La manipolazione della ionosfera potrebbe alterare la circolazione atmosferica, causando impatti climatici su larga scala.

Esempio di uno scenario di cospirazione

Nel contesto della siccità californiana descritta nel testo originale, i teorici della cospirazione potrebbero affermare che HAARP è stato utilizzato per creare un sistema stazionario ad alta pressione che intrappolava l'umidità dell'Oceano Pacifico, causando l'estrema siccità. Allo stesso modo, potrebbero affermare che HAARP ha indotto l'anomalia del getto d'aria che ha alterato i modelli del vento durante il periodo dal 1988 al 1992.

Sebbene queste affermazioni siano popolari nelle teorie del complotto, è importante notare che non esistono prove scientifiche a sostegno dell'idea che HAARP possa manipolare il clima in modo così drammatico. La maggior parte degli scienziati e degli esperti considera queste teorie infondate, attribuendo le variazioni climatiche e le anomalie nella corrente a getto a processi naturali e complessi nell'atmosfera terrestre, mentre altri difendono la tesi di questa possibilità.

Nonostante ciò, i meteorologi della NOAA e del Servizio meteorologico nazionale degli Stati Uniti non sono stati in grado di spiegare il motivo dell'anomalia del getto d'aria, suggerendo che potrebbe semplicemente essere l'imprevedibile flusso e riflusso della natura. Per coincidenza o no, gli Stati Uniti avviarono un misterioso complesso di antenne nel febbraio 1992, sostenendo miglioramenti nelle comunicazioni radio. Tuttavia, ciò che è più preoccupante è che HAARP non è l'unico progetto di questo tipo sul pianeta; Esistono almeno altri venti centri di ricerca simili, sparsi nel mondo e operanti in luoghi non più segreti.

Gli Stati Uniti possiedono e gestiscono tre di questi centri: uno a Fairbanks, un altro a Gakona, entrambi in Alaska, e uno ad Arecibo, Porto Rico. La Russia ne ha uno a Vasilsursk e l'Unione Europea ne ha uno a Tromsø, in Norvegia. Lavorando insieme, questi trasmettitori possono alterare il flusso del getto attraverso il pianeta, cambiare la direzione del vento, causare tempeste, siccità, terremoti, tsunami, tornado e uragani, semplicemente riscaldando l'atmosfera e creando cupole ad alta pressione che potrebbero dirigere questi eventi ovunque. nel mondo. Sebbene non si possa dire che questi dispositivi vengano utilizzati come armi meteorologiche, alcuni fatti sollevano sospetti, come vedremo nel prossimo capitolo.

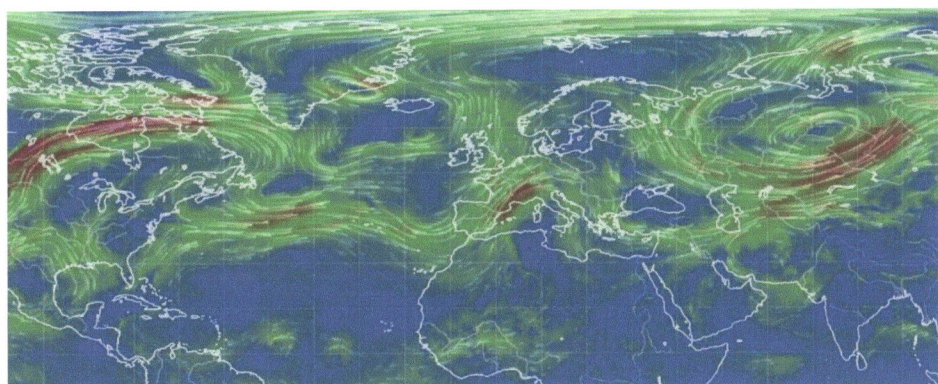

Correnti d'aria: immagine della NASA

CAPITOLO 5: URAGANO KATRINA

Il 23 agosto 2005, il Servizio meteorologico nazionale iniziò a monitorare una modesta tempesta che si stava formando alle Bahamas, inizialmente nota come "Depressione tropicale 12". Fenomeni di questa portata raramente causano danni rilevanti agli edifici o provocano vittime. Tuttavia, questa tempesta si è evoluta drasticamente, diventando un uragano di categoria cinque, con venti fino a 280 km/h, ed è stato ribattezzato Uragano Katrina. Quando colpì la costa del Golfo, Katrina divenne uno dei peggiori disastri della storia americana, causando danni stimati per 81 miliardi di dollari e provocando oltre 1.800 morti. Come altri uragani di quell'anno, Katrina ha mostrato movimenti molto particolari, mai osservati prima negli uragani più grandi.

Uragano Katrina

La stagione degli uragani del 2005 è stata caratterizzata da anomalie strane e sorprendenti, con eventi che non sarebbero mai dovuti accadere. Molti dei percorsi degli uragani di questa stagione sono stati lineari, anche se è insolito che gli uragani si muovano in linea retta. Ben presto è emersa una teoria: Katrina ha colpito gli Stati Uniti con una forza insolita a causa delle esperienze climatiche di Russia e Cina. Secondo i meteorologi della NOAA, poco prima dell'approdo, Katrina ha effettuato una brusca virata di 90 gradi a sinistra e si è diretta lungo la spiaggia a notevole velocità prima di atterrare. Dall'analisi delle immagini satellitari, il team della National Oceanic and Atmospheric Administration ha ipotizzato che l'uragano sia stato intenzionalmente preso di mira come parte di un attacco meteorologico.

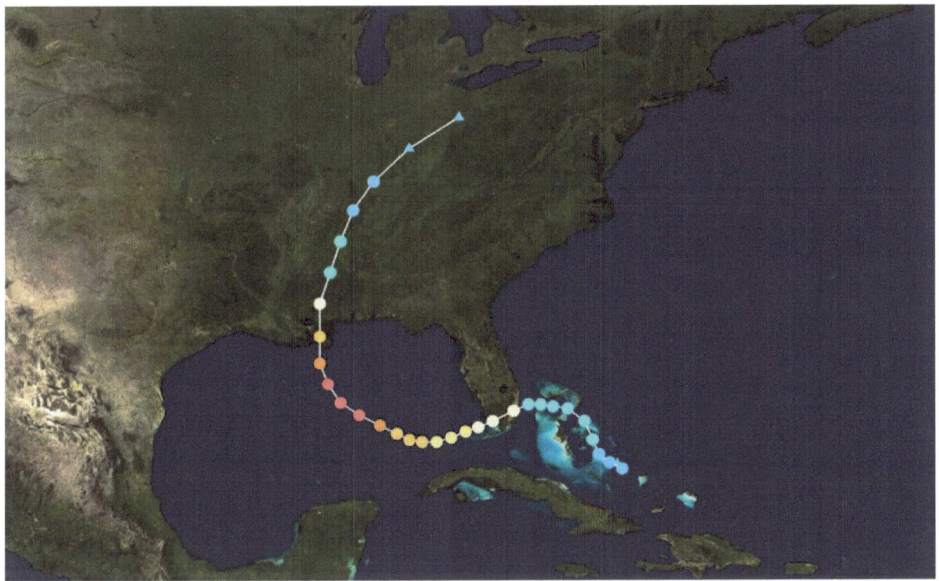

Il percorso è stato cambiato di 90º dall'uragano Katrina

A causa di questi fatti presentati dal team della NOAA, è nata la speculazione che i paesi nemici degli Stati Uniti, come Russia e Cina, abbiano lanciato uragani contro il paese come se fossero bombardamenti, un attacco climatico, dimostrando il potenziale dell'uso di questa tecnica come arma da guerra. Tuttavia, non c'erano prove conclusive di un simile attacco; Cinesi e russi attribuirono questa anomalia ad una peculiarità dell'uragano.

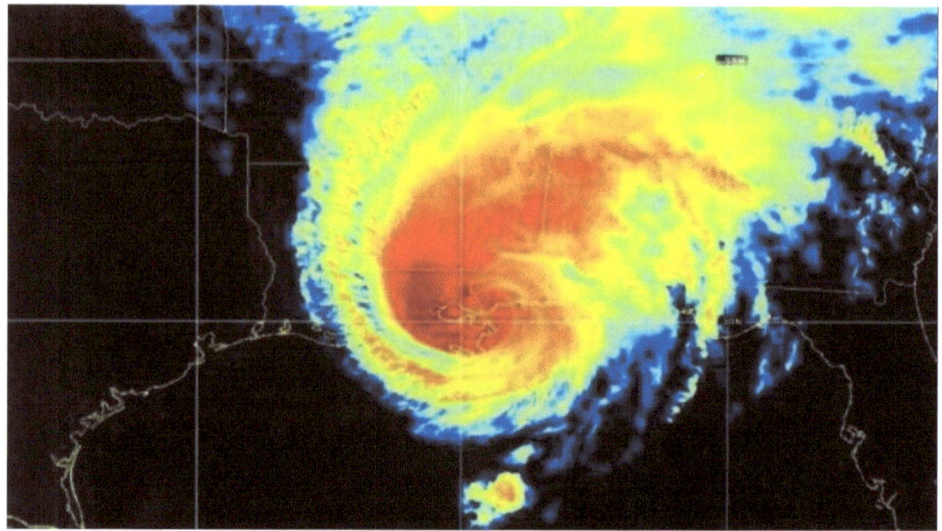

Immagine satellitare Katrina: crediti ESA/NASA

Controllare e dirigere un uragano equivarrebbe a possedere la potenza di un'arma nucleare. Un fenomeno di questa portata potrebbe essere la migliore arma di guerra. Nel 2006 è successo qualcosa di molto preoccupante: secondo il Servizio meteorologico nazionale quell'anno non si è verificato nessun uragano. È stato affermato che l'esercito stava utilizzando HAARP per prevenire e proteggere la regione precedentemente colpita da Katrina. Una zona irregolare di alta pressione nel sud-est degli Stati Uniti ha supportato questa conclusione, secondo diversi scienziati come Smith (2010) e Ponte (2008).

Questa cupola di alta pressione non è mai stata osservata prima, tanto meno parcheggiata nel sud-est per l'intera stagione degli uragani, ma si è verificata per tre anni consecutivi. Funzionava come una barriera: ogni uragano che si avvicinava alla costa veniva immediatamente deviato verso il mare. La costruzione di HAARP ha coinciso con l'emergere di questo nuovo tipo di scudo contro gli uragani. I meteorologi di tutto il mondo affermano che la zona di alta pressione è solo un'anomalia meteorologica, una delle tante che si verificano in natura, ma la sua intensità continua a confondere gli esperti. SecondoAmministrazione nazionale per l'aeronautica e lo spazio (NASA), si trattava della stessa alta pressione osservata in California alla fine degli anni '80 e all'inizio degli anni '90.

Un rapporto ufficiale del Dipartimento di Guerra degli Stati Uniti afferma che esplorare e controllare il clima entro il 2025 è un obiettivo strategico. Nel documento si afferma che "la modificazione climatica è un moltiplicatore di forza con un potere enorme che può essere sfruttato in ambienti di guerra". Il rapporto sul clima del 2025 è fondamentalmente un'analisi militare di ciò che si può fare, che si tratti di portare la pioggia o di prolungare la siccità. L'idea è che, entro il 2025, tutti gli aspetti del clima possano essere manipolati. Il documento afferma chiaramente come e perché l'aeronautica degli Stati Uniti dovrà controllare il meteo e utilizzare questa tecnologia nelle guerre future, utilizzando il meteo come arma.

La giustificazione del documento è chiara: la guerra migliore è quella in cui, lanciando un attacco, nessuno saprebbe come è iniziato. Questa è la promessa delle armi climatiche, non solo per gli Stati Uniti, ma per tutte le nazioni. Con la scadenza del 2025, il futuro della guerra climatica è motivo di preoccupazione. Lo scenario peggiore sarebbe l'uso di satelliti dotati di sistemi d'arma per alterare il clima della Terra, causando potenzialmente pioggia nei deserti, neve o ondate di caldo nell'Artico. Secondo la NASA, se i nemici dell'America alterassero le correnti a getto sotto il Nord America, potrebbero far precipitare il continente in un'altra era glaciale.

Nuova Orleans

La città di New Orleans, dopo Katrina (29 agosto 2005, 17:24:22 ora locale)

CAPITOLO 6: TERREMOTO AD HAITI

Il 12 gennaio 2011, nel primo anniversario del terremoto che devastò Port-au-Prince, il primo ministro haitiano Jean-Max Bellerive dichiarò che il disastro aveva provocato 316.000 morti, 350.000 feriti e oltre 1,5 milioni di senzatetto. L'ONU stima che il terremoto del 12 gennaio 2010 abbia ucciso 220.000 persone e lasciato 1,2 milioni senza casa. Bellerive ha osservato che circa 400.000 persone vivono ancora nelle tende nei campi profughi. Secondo lui, la catastrofe "naturale" ha causato perdite per 7,8 miliardi di dollari e ha ucciso quasi il 17% della popolazione haitiana. Per Bellerive "siamo uno dei Paesi più poveri del mondo e abbiamo fatto un passo indietro importante" con il terremoto.

Infografica sul terremoto di Haiti

Secondo la stampa venezuelana, in particolare il quotidiano "Vive" (2010), i documenti rivelano che HAARP è stato utilizzato per manipolare la geofisica dei Caraibi e provocare terremoti ad Haiti. La catastrofe lasciò 316.000 morti, 350.000 feriti e oltre 1,5 milioni di senzatetto. Le teorie del complotto suggeriscono che gli Stati Uniti abbiano scelto Haiti, un paese così povero, per testare il potenziale della loro nuova arma. I test nell'oceano non fornivano informazioni sufficienti e attaccare i nemici in Medio Oriente sarebbe un suicidio commerciale, poiché i terremoti potrebbero distruggere preziosi pozzi petroliferi. Così Haiti, già devastata, veniva vista come il bersaglio perfetto, con scarso potenziale economico e poche possibilità di provocare una crisi diplomatica.

Quando il terremoto di magnitudo sette colpì la capitale di Haiti, Port-au-Prince, l'enorme distruzione e perdita di vite umane fu attribuita a due fattori principali: la vicinanza della città alla faglia che causò il terremoto e la scarsa qualità della costruzione, che permise a migliaia di di persone gli edifici crollerebbero facilmente. I sismologi sanno che la geologia locale può influenzare la gravità di un terremoto, aumentando le forze sismiche in determinate condizioni. Nel caso di Haiti, vaste aree di Port-au-Prince giacciono su strati relativamente fragili di roccia sedimentaria, soggetti all'amplificazione delle onde sismiche.

Miércoles, 20 de Enero de 2010

♥ Madrid ☁ -1 13.4   Clasificados   11870.com   Más servicios

Inicio España Opinión **Internacional** Economía Sociedad Cultura Ciencia/Tecnología Medios & Redes Deportes

Europa Iberoamérica Estados Unidos Asia África Oriente Medio

ABC.es > Internacional

🖨 imprimir   ✉ enviar por email   ✍ rectificar   💬 Comentar 552 comentarios   Valoración: ★★★★☆

Chávez acusa a EE.UU. de provocar el seísmo de Haití

ABC.es Actualizado Miércoles , 20-01-10 a las   A- A+
10 : 48

El antiamericano gobierno de Venezuela, en su habitual paranoia contra el imperio yanqui, asegura que el seísmo de Haití es el "claro resultado de una prueba de la Marina estadounidense", y subraya que "un terremoto experimental de EE.UU. devastó el país caribeño".

En una nota de prensa publicada en la **cadena estatal de televisión Vive**, el Ejecutivo que dirige Hugo Chávez se hace eco de un reporte "preparado por la Flota Rusa del Norte que indica que el seísmo de Haití fue el claro resultado de una prueba de la Marina Estadounidense por medio de una de sus

📄 Una niña sobrevive seis días bajo los escombros de Haití

📄 Así tembló la tierra

📄 Asedio al aeropuerto

📄 La solución es... ¡amputar!

📄 El barco hospital que ofreció De la Vega tardará quince días en llegar

Prima pagina del giornale ABC

I ricercatori che hanno presentato i loro risultati in un incontro scientifico a Foz do Iguaçu (PR) hanno suggerito che il terremoto di Haiti ha rivelato un sistema di faglie geologiche più ampio nella regione. La faglia di Enriquillo, che attraversa la capitale haitiana, è stata originariamente identificata come la fonte del terremoto. Tuttavia, utilizzando apparecchiature come GPS e radar, il ricercatore Calais (2011) e i suoi colleghi della Purdue University hanno dimostrato che il modello di movimento del terremoto era incompatibile con lo scivolamento su una faglia verticale come quella di Enriquillo. I calcoli hanno dimostrato che la vera causa del terremoto è stata una nuova faglia, leggermente inclinata di 60 gradi a nord di Enriquillo. Questa faglia finora sconosciuta è stata rivelata dall'evento sismico stesso.

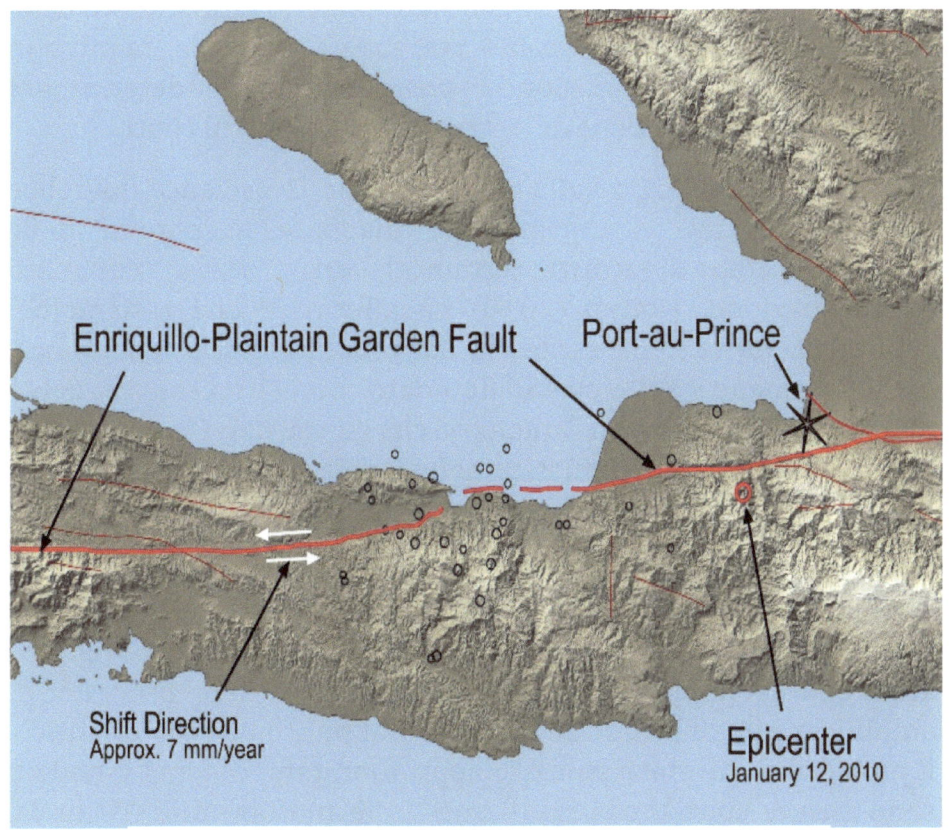

Faglia di Enriquillo sull'isola di Hispaniola. Il cerchio rosso è stato l'epicentro del terremoto di Haiti del 2010, le frecce bianche indicano la direzione del movimento delle placche tettoniche.

Calais (2011) ha osservato che l'assenza di rotture superficiali lungo la faglia di Enriquillo è stato il primo indizio che il terremoto di Haiti era più complesso di quanto si pensasse in precedenza. In mezzo alla distruzione causata dal terremoto, gli scienziati hanno impiegato diversi mesi per raccogliere dati e spiegare cosa è successo.

Calais ha dichiarato alla BBC che la ricerca e lo studio del sistema di faglie geologiche, al quale la nuova faglia potrebbe essere associata, è fondamentale per determinare "il livello di rischio per Haiti a lungo termine". Ha spiegato che lo scorrimento della faglia durante un terremoto modifica il livello di rischio nella regione a seconda della posizione, della geometria e dello scorrimento della faglia. In alcune aree il rischio potrebbe aumentare, mentre in altre potrebbe diminuire. Sono in corso indagini per determinare le conseguenze specifiche del terremoto per il sud di Haiti.

Un articolo pubblicato sulla rivista Nature Geoscience dovrebbe aiutare scienziati e ingegneri a mappare le regioni delle città a rischio di futuri terremoti, un processo chiamato microzonazione. Hough (2010) ha affermato che i sismologi conoscono da tempo l'esistenza dell'amplificazione topografica, ma il fenomeno è stato spesso liquidato come "una sorta di colpo di fortuna". "Questo non è qualcosa che gli scienziati sono stati in grado di sviluppare sistematicamente", spiega.

"Gli strati sedimentari sono più conosciuti."
Assimaki (2011), un professore della Georgia Tech che ha esaminato l'articolo di Hough per Nature Geoscience ma non è stato coinvolto nella ricerca, afferma che i risultati dovrebbero aiutare a sviluppare modelli più accurati dei processi di amplificazione durante i terremoti. "Dal punto di vista analitico, il problema è già stato studiato approfonditamente, ma i modelli sono ancora abbastanza idealizzati", afferma Dominic. Tuttavia, molti altri scienziati continuano ad attribuire questa catastrofe al programma HAARP nordamericano.

Altre teorie su HAARP e sul terremoto di Haiti

Diverse teorie del complotto suggeriscono che HAARP possa manipolare il clima e causare disastri naturali, compresi i terremoti. Nel caso del terremoto di Haiti, alcune delle teorie più comuni includono:

1. Test sulle armi geofisiche: una teoria sostiene che gli Stati Uniti abbiano utilizzato HAARP per testare un'arma geofisica, provocando deliberatamente il terremoto ad Haiti.

Motivazione: Haiti è stata scelta per la sua vulnerabilità e mancanza di importanza geopolitica, riducendo il rischio di una crisi diplomatica globale.

2. Gestione delle faglie tettoniche:
In teoria, HAARP avrebbe la capacità di inviare onde a bassa frequenza sulla Terra, provocando movimenti su specifiche faglie tettoniche.

Motivazione: Dimostrare il potenziale militare di HAARP senza compromettere le regioni più strategiche.

3. Occultamento di altre operazioni:
Il terremoto è stato indotto a distogliere l'attenzione da altre operazioni militari o politiche condotte dagli Stati Uniti nella regione.

Motivazione: Creare un disastro umanitario per coprire le attività clandestine.

Ad oggi non esistono prove scientifiche a sostegno di queste teorie. La comunità scientifica, composta da geofisici e sismologi, sostiene che il terremoto di Haiti sia stato un evento naturale derivante dall'attività tettonica della regione. Le teorie del complotto su HAARP si basano spesso su interpretazioni errate o esagerate delle capacità del programma.

Il terremoto di Haiti del 2010 è stato una tragedia di proporzioni immense, esacerbata dalla povertà del paese e dalle infrastrutture inadeguate. Sebbene le teorie del complotto che coinvolgono HAARP suggeriscano una deliberata manipolazione dell'evento, non ci sono prove concrete a sostegno di queste affermazioni. La spiegazione scientifica predominante resta quella di un fenomeno naturale, amplificato dalle condizioni geologiche e sociali locali.

Immagine di Haiti dopo il terremoto del 2010

CAPITOLO 7: L'HAARP BRASILIANO

In Brasile abbiamo anche una struttura simile a HAARP, situata nel Maranhão, presso l'Osservatorio Spaziale di São Luís. Questo complesso viene utilizzato per la "ricerca sulla ionosfera" e le sue antenne sono visibilmente simili a quelle di HAARP in Alaska. Lo scopo di queste antenne sparse in tutto il mondo è classificato come "segreto" dagli Stati Uniti, suggerendo che servano per studiare ed eventualmente interferire con lo strato ionosferico.

HAARP NO BRASIL

HAARP brasiliano [Fonte: INPE]

Fenomeni simili a quelli osservati in altre regioni vicine all'HAARP si verificano anche in Brasile. Le segnalazioni di disturbi nelle frequenze elettromagnetiche nei radar aeronautici brasiliani coincidono con il funzionamento di queste macchine. C'è anche chi sostiene che sia possibile "ascoltare" HAARP. Gli studi condotti negli anni hanno indicato una correlazione tra l'aumento delle frequenze nocive e le date di utilizzo del complesso. In Brasile, l'Istituto Nazionale di Ricerche Spaziali (INPE) ha verificato il lancio di raggi invisibili contro la ionosfera per migliorare, secondo loro, la ricezione dei segnali UHF e VHF nelle regioni equatoriali.

Il radar a retrodiffusione coerente da 50 MHz (RESCO) è stato installato presso l'Osservatorio spaziale di São Luís/INPE e ha iniziato a funzionare nell'agosto 1998. Questo radar misura la dinamica del plasma a elettrogetto e delle bolle ionosferiche equatoriali. Progettato per mappare turbolenze e derive elettromagnetiche da irregolarità su piccola scala (tre metri), opera in un intervallo di altezza compreso tra 90 km e 1.000 km nella ionosfera equatoriale.

Queste irregolarità del plasma hanno un impatto importante sulla propagazione delle onde radio transionosferiche in un'ampia gamma di frequenze, dalle VHF alle UHF, influenzando tutte le attività di comunicazione spaziale nella regione tropicale brasiliana. La formazione e la distribuzione spaziale di queste irregolarità sono altamente sensibili ai cambiamenti del tempo spaziale, oltre ai processi convettivi e alle tempeste troposferiche.

Il radar è stato sviluppato e costruito dall'INPE nel corso di diversi anni. Trasmette segnali pulsati ad alta potenza attraverso una rete di antenne con 768 dipoli, che consente di concentrare tutta l'energia in un fascio di radiazioni molto stretto. La stessa antenna raccoglie anche i segnali di ritorno diffusi dalle irregolarità ionosferiche. La massima potenza trasmessa (120 KW) è ottenuta attraverso un sistema di trasmissione modulare a 8 fasi per massimizzare la potenza. Il controllo operativo viene effettuato da un computer, che effettua anche l'acquisizione, l'elaborazione e l'elaborazione "online" dei dati ricevuti dalla ionosfera. I dati registrati sono disponibili per ulteriori elaborazioni e analisi.

Dal 1998 il radar è stato utilizzato in diverse campagne di osservazione e ha raccolto sistematicamente dati sulla dinamica dell'elettrogetto equatoriale. Insieme al radar da 30 MHz, offre ai ricercatori grandi opportunità per studiare i fenomeni peculiari della regione equatoriale. Questi radar, insieme a quelli del Perù

(Jicamarca), dell'India (Thumba) e dell'Indonesia, sono tra i pochi esistenti al mondo attorno all'equatore magnetico. La regione equatoriale brasiliana, a causa della peculiare configurazione del campo geomagnetico, presenta caratteristiche molto diverse dalle altre regioni.

Nel 1994, la NASA, in collaborazione con l'Istituto Nazionale per la Ricerca Spaziale (INPE) del Brasile, ha effettuato la campagna GUARÁ ad Alcântara, Maranhão. L'obiettivo principale di questa campagna scientifica è stato quello di studiare fenomeni specifici della ionosfera equatoriale, in particolare l'elettrogetto equatoriale e le bolle ionosferiche.

Obiettivi della Campagna GUARÁ

1. L'elettrogetto equatoriale è una corrente elettrica che circola a circa 100 km di altitudine, lungo l'equatore magnetico. Questa corrente influenza in modo significativo la propagazione delle onde radio ed è un fenomeno importante per le comunicazioni e la navigazione satellitare.

2. Indagine sulle bolle ionosferiche: le bolle ionosferiche sono regioni di plasma rarefatto che si trovano nella ionosfera. Possono causare disturbi alle comunicazioni radio e ai segnali GPS. Comprendere la formazione e la dinamica di queste bolle è fondamentale per migliorare l'affidabilità delle comunicazioni e dei sistemi di navigazione.

Metodologia e strumentazione

Durante la campagna GUARÁ sono stati utilizzati diversi strumenti e tecniche per raccogliere dati:

1. Tra settembre e ottobre 1994 furono lanciati 26 razzi. Questi razzi trasportavano strumenti scientifici per misurare direttamente le proprietà della ionosfera e ottenere dati dettagliati sull'elettrogetto equatoriale e sulle bolle ionosferiche.

2. Radar a retrodiffusione: un radar a retrodiffusione coerente,

simile a RESCO, è stato utilizzato per mappare la turbolenza e la deriva elettromagnetica nella ionosfera. Questo radar ha permesso di studiare le irregolarità del plasma su piccola scala.

3. La digisonde è un apparecchio che effettua studi ionosferici, inviando impulsi radio nella ionosfera e misurando i segnali riflessi. Questo strumento ha fornito una preziosa diagnostica della struttura e del comportamento della ionosfera durante la campagna.

4. Magnetometri: I magnetometri gestiti dall'INPE presso l'Osservatorio Spaziale di São Luís hanno monitorato le variazioni del campo magnetico terrestre, fornendo dati complementari sui fenomeni studiati.

Risultati e impatto

La campagna GUARÁ ha contribuito in modo significativo alla comprensione dei processi ionosferici nella regione equatoriale. I dati raccolti hanno contribuito a migliorare i modelli scientifici di questi fenomeni e a sviluppare tecnologie per mitigare gli effetti negativi sulle comunicazioni e sulla navigazione.

Importanza della collaborazione internazionale

La partnership tra NASA e INPE esemplifica l'importanza della collaborazione internazionale nella scienza spaziale. Combinando risorse e competenze, entrambe le istituzioni sono state in grado di condurre una ricerca completa e di alta qualità che ha portato benefici alla comunità scientifica globale.

In sintesi, la campagna GUARÁ del 1994 ha rappresentato un'importante pietra miliare nello studio della ionosfera equatoriale, apportando progressi significativi alla scienza spaziale e alle applicazioni pratiche nei sistemi di comunicazione e navigazione.

CAPITOLO 8: HAARP OGGI - FATTI E FINZIONE

Nel maggio 2024, lo stato del Rio Grande do Sul in Brasile ha dovuto affrontare una serie di piogge torrenziali che hanno causato inondazioni, frane e danni significativi. Questi eventi meteorologici estremi hanno sollevato interrogativi sulle loro cause e alcune teorie cospirative collegano il fenomeno all'HAARP. Questo capitolo si propone di presentare un'analisi scientifica delle cause delle piogge, demistificando il collegamento con HAARP e spiegando la diffusione delle teorie del complotto.

Secondo gli esperti di meteorologia e climatologia, le piogge estreme nel Rio Grande do Sul sono state il risultato di una combinazione di fattori climatici naturali:

1. La Niña: questo fenomeno climatico è caratterizzato dal raffreddamento delle acque dell'Oceano Pacifico equatoriale, che altera i modelli di vento e temperatura. Durante gli eventi La Niña, la regione meridionale del Brasile sperimenta tipicamente un aumento dell'umidità, che contribuisce a forti piogge.

2. Convergenza dell'umidità: La formazione di precipitazioni estreme è stata influenzata anche dalla convergenza delle masse d'aria. Una massa di aria umida proveniente dall'Amazzonia ha incontrato un fronte freddo proveniente dall'Argentina. Questa interazione tra aria calda e umida e aria fredda crea le condizioni ideali per l'instabilità atmosferica e le forti precipitazioni.

3. Cambiamenti climatici: il riscaldamento globale svolge un ruolo importante nell'intensificare il ciclo dell'acqua, aumentando la frequenza e la gravità degli eventi meteorologici estremi. L'aumento delle temperature globali intensifica l'evaporazione, generando più vapore acqueo nell'atmosfera, portando a

precipitazioni più intense.

Tuttavia, su Internet e in alcuni circoli di disinformazione, HAARP viene accusato ingiustamente di essere la causa di questa catastrofe.

Secondo gli esperti non esistono prove scientifiche a sostegno della teoria secondo cui HAARP può controllare il clima. Fisici e meteorologi sostengono che l'energia necessaria per influenzare il clima su scala significativa va oltre le capacità di HAARP. Inoltre, gli esperti del programma affermano che HAARP non era in funzione durante le piogge nel Rio Grande do Sul, rendendo impossibile qualsiasi relazione causale.

La teoria secondo cui HAARP avrebbe causato le piogge nello stato brasiliano si è diffusa rapidamente sui social media. Questa diffusione può essere attribuita a diversi fattori:

1. Disinformazione: negli ambienti di crisi, la disinformazione può diffondersi rapidamente, soprattutto sulle piattaforme digitali dove le informazioni possono essere condivise senza verifica.

2. Cerca spiegazioni semplici: Di fronte ad eventi catastrofici, molte persone cercano spiegazioni semplici e immediate. Le teorie del complotto offrono una narrazione attraente e di facile comprensione per coloro che diffidano delle spiegazioni e delle autorità scientifiche.

3. Mancanza di accesso a informazioni affidabili: non tutti hanno accesso a fonti di informazione affidabili e scientificamente fondate, il che facilita la proliferazione della disinformazione.

Per combattere la disinformazione è fondamentale adottare alcune pratiche:

1. Cercare informazioni da fonti affidabili: è importante consultare i siti web di agenzie governative, istituti di ricerca e media affidabili.

2. Sviluppare una visione critica: mettere in discussione le informazioni che sembrano dubbie o sensazionali è essenziale per prevenire la diffusione della disinformazione.

3. Condividi solo informazioni verificate: prima di condividere notizie o teorie, è fondamentale verificarne la veridicità.

Le piogge a Dubai e HAARP: si indaga su un possibile collegamento

Nel marzo 2024, Dubai è stata teatro di piogge torrenziali che hanno causato gravi inondazioni, gravi disagi e persino un morto. La quantità di precipitazioni registrate ha superato di gran lunga la media annuale della regione, sollevando interrogativi sulle sue cause. Sulla scia di questo evento estremo, è emersa una teoria del complotto che suggeriva un collegamento con HAARP. Sebbene la comunità scientifica abbia spiegato le cause naturali della pioggia, la teoria HAARP continua ad incuriosire e a provocare dibattiti.

La teoria del complotto suggerisce che HAARP possa manipolare il tempo e potrebbe essere stato utilizzato per provocare forti piogge a Dubai. I sostenitori di questa teoria sostengono che HAARP, attraverso le sue emissioni ad alta frequenza, abbia interferito con la formazione delle nuvole e le precipitazioni, alterando artificialmente il clima.

Analisi della connessione

Per valutare la plausibilità di questo collegamento è essenziale considerare i seguenti punti:

1. Cause naturali della pioggia a Dubai: secondo il Centro meteorologico nazionale degli Emirati Arabi Uniti, la pioggia è stata causata da un sistema di bassa pressione che si è formato nel Mar Arabico e si è intensificato con il movimento. Anche la convergenza dei venti umidi dal Golfo Persico e dal Mar Arabico, insieme alla topografia della regione, ha contribuito all'intensità delle piogge.

2. Capacità tecniche di HAARP: gli esperti in fisica atmosferica e meteorologia affermano che HAARP non ha la capacità di influenzare il clima su larga scala. L'energia necessaria per manipolare in modo significativo il clima è ben oltre ciò che HAARP può generare. Inoltre, la frequenza utilizzata da HAARP ha lo scopo di studiare la ionosfera e non di manipolare le condizioni meteorologiche.

3. Prove scientifiche: non esistono prove scientifiche a sostegno della teoria secondo cui HAARP può controllare il clima. Le piogge a Dubai, secondo quanto descritto dalle autorità meteorologiche locali, sono state il risultato di fenomeni naturali ben noti.

Le piogge nel Rio Grande do Sul nel 2024 sono state causate da fenomeni meteorologici naturali, tra cui La Niña, convergenza dell'umidità e cambiamenti climatici. Non ci sono prove che colleghino HAARP a questi eventi. La diffusione delle teorie del complotto è una sfida continua che richiede uno sforzo collettivo per promuovere l'alfabetizzazione scientifica e la diffusione di informazioni accurate.

Sebbene le piogge a Dubai nel marzo 2024 siano state un evento straordinario, il collegamento con HAARP resta privo di fondamento scientifico. Le spiegazioni dei meteorologi puntano a cause naturali, come il sistema di bassa pressione e la convergenza dei venti umidi. La teoria secondo cui HAARP può manipolare il clima manca di prove e plausibilità tecnica. In tempi di crisi, è essenziale promuovere l'alfabetizzazione scientifica e la diffusione di informazioni accurate per combattere la disinformazione e le teorie del complotto.

La crisi di credibilità della stampa e la mancanza di trasparenza del governo

Inoltre, la proliferazione di teorie cospirative sugli eventi climatici, ma anche su salute, vaccini e malattie, è esacerbata dalla crisi di credibilità affrontata dalla stampa mondiale e dalla mancanza di trasparenza da parte dei governi. In molte regioni, la fiducia nel giornalismo è diminuita, alimentata dalla percezione di pregiudizi politici, sensazionalismo e conflitti di interessi. Quando la popolazione ha la sensazione che i media non riportino la verità o nascondano informazioni, la sfiducia aumenta, creando terreno fertile per le teorie del complotto.

Allo stesso tempo, la mancanza di trasparenza da parte dei governi peggiora la situazione. Quando i leader politici non forniscono informazioni chiare e accurate o sono percepiti come se nascondano i fatti, la popolazione tende a cercare risposte alternative, spesso da fonti inaffidabili. La mancanza di una comunicazione aperta e onesta da parte dei governi contribuisce alla diffusione della disinformazione e della sfiducia del pubblico.

Per affrontare queste sfide, è fondamentale che la stampa si impegni a garantire accuratezza, obiettività e integrità nei suoi resoconti. I funzionari governativi, a loro volta, devono adottare politiche di trasparenza e comunicazione efficaci, fornendo informazioni chiare e accessibili al pubblico. Solo attraverso uno sforzo congiunto tra media, governo e società sarà possibile combattere la disinformazione e rafforzare la fiducia nelle istituzioni.

CONSIDERAZIONI FINALI

Il progetto HAARP (High Frequency Active Auroral Research Program) è stato inizialmente sviluppato con l'obiettivo di migliorare le comunicazioni radio. Tuttavia, quando i creatori si sono resi conto del suo potenziale nell'influenzare il clima locale e forse globale, il programma ha ricevuto un'attenzione speciale. Con investimenti milionari furono costruiti altri complessi di antenne in diverse parti del mondo, con l'obiettivo di ottenere un controllo globale sul clima.

Nonostante il governo statunitense affermi che HAARP è destinato esclusivamente a scopi non militari, molti governi contestano questa posizione. È in corso un dibattito significativo sul vero scopo di questi importanti investimenti in una tecnologia presumibilmente intesa a migliorare le comunicazioni radio. La domanda che sorge spontanea è: perché i governi dovrebbero investire milioni di dollari in un esperimento solo per migliorare le onde radio?

Attualmente, il progetto HAARP è operativo in tutti i continenti, con capacità di comunicazione intercontinentale. La cosa più sorprendente è che il governo degli Stati Uniti continua a investire migliaia di dollari per mantenere il progetto. È importante notare che nessun governo farebbe un investimento di questa portata solo per semplici studi o per migliorare le comunicazioni radio, soprattutto considerando le avanzate tecnologie di comunicazione satellitare oggi disponibili.

Sebbene i funzionari governativi neghino che HAARP sia utilizzato per la manipolazione del clima, dopo aver studiato numerose fonti letterarie e condotto diverse ricerche su siti web considerati rilevanti, è almeno plausibile che questa manipolazione del clima sia, in effetti, possibile. L'entità degli investimenti in HAARP suggerisce che il progetto potrebbe avere obiettivi più ambiziosi del semplice miglioramento delle comunicazioni radio.

Sono d'accordo con l'idea che nessun governo farebbe grandi investimenti solo per migliorare le comunicazioni radio, dato che oggi sono disponibili tecnologie più efficienti. La conclusione a cui arrivo è che chiunque padroneggi la capacità di controllare il tempo avrà un potere significativo sul mondo. Pertanto, il possibile utilizzo di HAARP per scopi di manipolazione del clima non può essere escluso senza un'indagine più approfondita e trasparente.

Sebbene l'esercito statunitense affermi di aver trasferito il progetto all'Università dell'Alaska, la verità è che il sistema è ancora attivo e non è stato interrotto come sostengono le autorità competenti in materia.

RIFERIMENTI BIBLIOGRAFICI

BARR, R., Rietveld, MT, Kopka, H., Stubbe, P. e Nielsen, E. Nature Ed. 155-157 (1985).

ESA, Agenzia spaziale europea ORO, NICK. Gli angeli non lo toccano, la Terra preme Pr; 1a edizione. (1 luglio 1997, pp. 36-41).

FARMER, Mark (GIORNALISTA DELL'AVIAZIONE MILITARE), 2011 FABBRO, TEDESCO MIO. Clima Guerra, Redattore: Stampa Unlimited Adventures (11 settembre 2013).

INAN, Stati Uniti et al. Geofisico. Lettonia Res. 31, L24805 (2004) INPE, Istituto Nazionale per la Ricerca Spaziale.

John, Professore di Politica presso l'Università di Sydney, Australia e Wissenschaftszentrum Berlin für Sozialforschung Germany, WZB (WZB Social Science Center Berlin), 2011.
Quotidiano venezuelano VIVE (2010), Chávez accusa gli Stati Uniti di aver causato il terremoto ad Haiti.

KEANE, Michael (Università della California del Sud) 2009, LACOST, Ives: La geografia – che serve soprattutto a fare la guerra, Ed. 16, 2010.

Miguel KEANE (UNIVERSITÀ IN CALIFORNIA SUD-EST) 2009,

MONTEIRO, Carlos. AF. Lo studio geografico del clima. Florianópolis: Editora da UFSC, 1999. v. 01.71 p..

NASA, Amministrazione nazionale aeronautica e spaziale NATURE, GEOSCIENCE, Weekly International Science Magazine 452, p 930-932 (2008, 2011).

NON, NAZIONALE OCEANICO E GESTIONE DELL'ATMOSFERA.

Jornal GLOBO (2010), Chávez afferma che gli Stati Uniti hanno causato un terremoto ad Haiti testando armi.

ONU, Organizzazioni delle Nazioni Unite.

PINTO, Osmar Jr. Atmospheric Electricity Group (ELAT), (INPE) Istituto Nazionale per la Ricerca Spaziale 2010.

POINT, Iwi (INVESTIGATORE DEL PENTAGONO), 2008 PAPA, Nick (2010)
PURDU   UNIVERSITÀ,   INDIANA   STATO,   STATI   UNITI D'AMERICA.

RODGER, CJ et al. Ana. Geofisica. Ed. 24, 2025-2041 pp. 19-23 (2006).

SMITH, JERRY EHAARP, Editore: Adventures Unlimited Press (3 maggio 2010).

FILES ALLEGATI

U.S. Patent No. 4,686,605

Welcome to the
United States Patent and TradeMark Office

an Agency of the United States Department of Commerce

United States Patent   4,686,605

Eastlund   August 11, 1987

Method and apparatus for altering a region in the earth's atmosphere,
ionosphere, and/or magnetosphere

Abstract

A method and apparatus for altering at least one selected region which normally
exists above the earth's surface. The region is excited by electron cyclotron
resonance heating to thereby increase its charged particle density. In one
embodiment, circularly polarized electromagnetic radiation is transmitted upward in
a direction substantially parallel to and along a field line which extends through
the region of plasma to be altered. The radiation is transmitted at a frequency
which excites electron cyclotron resonance to heat and accelerate the charged
particles. This increase in energy can cause ionization of neutral particles which
are then absorbed as part of the region thereby increasing the charged particle
density of the region.

Inventors: Eastlund; Bernard J. (Spring, TX)
Assignee: APTI, Inc. (Los Angeles, CA)
Appl. No.: 690333
Filed: January 10, 1985

Current U.S. Class: 361/231; 85/1.11; 244/158P; 388/55
Intern'l Class: H05B 006/64; H05C 003/00; H05H 001/46
Field of Search: 361/230,231 244/158 P 376/100 85/1.11 388/55

Abstract
Referencas Cited (Referenced By)
Other References

Liberty Magazine, (2/35) p. 7 N. Tesla.
New York Times (9/22/40) Section I, p. 7 A. L. Laurence.
New York Times (12/8/15) p. 8 Col. 3.

Primary Examiner: Cangialosi; Salvatore
Attorney, Agent or Firm: MacDonald; Roderick W.

Claims

---

page 1

Articolo tratto dalla rivista Nature Geo Science

È noto che le condizioni geologiche locali, inclusi gli strati
sedimentari vicini alla superficie e le caratteristiche topografiche,

influenzano in modo significativo i movimenti del suolo causati dai terremoti. Le mappe di microzonazione sismica utilizzano queste condizioni geologiche per caratterizzare il rischio sismico, ma generalmente incorporano solo l'effetto degli strati sedimentari. La microzonazione sismica raramente tiene conto della topografia locale, poiché un'amplificazione topografica significativa è considerata rara.

Tuttavia, mostriamo che, sebbene l'entità del danno strutturale nel terremoto di Haiti del 2010 fosse dovuto principalmente alla cattiva costruzione, l'amplificazione topografica ha contribuito in modo significativo al danno nel distretto di Petionville, a sud del centro di Port-au-Prince. Un gran numero di strutture consistenti e relativamente ben costruite situate lungo un crinale ai piedi di questo distretto sono state gravemente danneggiate o crollate.

Utilizzando le registrazioni delle scosse di assestamento, abbiamo calcolato la risposta al movimento del suolo in due stazioni sismiche lungo la cresta topografica e in due stazioni nella valle adiacente. I movimenti del terreno sulla cresta sono stati amplificati rispetto ai siti della valle e ad un sito di riferimento di roccia dura, che non può essere spiegato dall'amplificazione indotta dai sedimenti. Invece, l'ampiezza e le frequenze predominanti del moto del suolo indicano un'amplificazione delle onde sismiche da parte di una cresta stretta e ripida.

Suggeriamo che le mappe di microzonazione sismica possano essere potenzialmente migliorate incorporando effetti topografici, fornendo una valutazione più accurata del rischio sismico e aiutando a mitigare i danni nelle costruzioni future.

McDonald; Rodrigo W.

Affermazioni

1. Detta risonanza ciclotronica di eccitazione di detta regione continua finché la concentrazione di elettroni di detta regione raggiunge un valore di almeno 10^6 per centimetro cubo e ha un'energia ionica di almeno 2 eV.

2. Metodo secondo la rivendicazione 1, comprendente la fase di fornire particelle artificiali in detta almeno una regione che è eccitata da detta risonanza elettrone-ciclotrone.

3. Metodo secondo la rivendicazione 2, caratterizzato dal fatto che dette particelle artificiali vengono ottenute iniettandole in detta almeno una regione da un satellite in orbita.

4. Metodo secondo la rivendicazione 1, caratterizzato dal fatto che detta soglia di eccitazione della risonanza ciclotronica elettronica è di circa 1 watt per centimetro cubo ed è sufficiente a provocare lo spostamento di una regione di plasma lungo dette linee di campo magnetico ad una quota superiore a quella a che ha avuto inizio la detta eccitazione.

5. Metodo secondo la rivendicazione 4, caratterizzato dal fatto che detta regione di plasma ascendente trascina con sé una porzione sostanziale di particelle atmosferiche neutre esistenti in o nelle vicinanze di detta regione di plasma.

6. Metodo secondo la rivendicazione 1, caratterizzato dal fatto che è prevista almeno una sorgente separata di seconda radiazione elettromagnetica, detta seconda radiazione avendo almeno frequenza diversa da detta prima radiazione, la quale collide con detta almeno una seconda radiazione al passaggio di detta regione attraverso una eccitazione di risonanza del ciclotrone elettronico provocato da detta prima radiazione.

7. Metodo secondo la rivendicazione 6, caratterizzato dal fatto che detta seconda radiazione ha una frequenza che viene assorbita da

detta regione.

8. Metodo secondo la rivendicazione 6, caratterizzato dal fatto che detta regione di plasma in detta ionosfera e detta seconda radiazione eccitano onde di plasma entro detta ionosfera.

9. Metodo secondo la rivendicazione 8, caratterizzato dal fatto che detta concentrazione di elettroni raggiunge un valore di almeno 10^{12} per centimetro cubo.

10. Metodo secondo la rivendicazione 8, caratterizzato dal fatto che detta eccitazione elettronica mediante risonanza di ciclotrone viene inizialmente effettuata all'interno di detta ionosfera e prosegue per un tempo sufficiente a consentire a detta regione di risalire al di sopra di detta ionosfera.

11. Metodo secondo la rivendicazione 1, caratterizzato dal fatto che detta eccitazione per risonanza ciclotronica elettronica viene effettuata al di sopra di circa 500 km e per un tempo compreso tra 0,1 e 1.200 secondi, in modo da ottenere un riscaldamento multiplo di detta regione di plasma mediante riscaldamento stocastico nella magnetosfera .

12. Metodo secondo la rivendicazione 1, caratterizzato dal fatto che detta prima radiazione elettromagnetica ha polarizzazione circolare destra nell'emisfero settentrionale e polarizzazione circolare sinistra nell'emisfero meridionale.

13. Metodo secondo la rivendicazione 1, in cui detta prima radiazione elettromagnetica viene generata in corrispondenza di una fonte di combustibile idrocarburico presente in natura, detta fonte di combustibile essendo situata in almeno una delle latitudini magnetiche settentrionale o meridionale.

14. Metodo secondo la rivendicazione 13, caratterizzato dal fatto che detta fonte di combustibile è gas naturale e l'elettricità per generare detta radiazione elettromagnetica è ottenuta bruciando detto gas naturale in almeno uno tra turbina a gas, cella a combustibile, generatori elettrici magnetoidrodinamici ed EGD.

situato nel luogo in cui viene prodotto detto gas naturale sulla terra.

15. Metodo secondo la rivendicazione 14, in cui detta ubicazione del gas naturale è entro le latitudini magnetiche che comprendono l'Alaska.

Metodo e dispositivo per modificare una regione dell'atmosfera, della ionosfera e/o della magnetosfera terrestre.

Vengono proposti un metodo e un dispositivo per modificare almeno una regione selezionata che normalmente esiste sulla superficie terrestre. Questa regione è eccitata dalla risonanza del ciclotrone, che innalza la temperatura degli elettroni, aumentando così la loro densità di particelle cariche. In una forma di realizzazione, la radiazione elettromagnetica polarizzata circolarmente viene trasmessa verticalmente, seguendo un percorso sostanzialmente parallelo e lungo una linea di campo passante attraverso la regione del plasma da modificare. Questa radiazione viene trasmessa ad una frequenza che eccita gli elettroni risonanti del ciclotrone, riscaldando e accelerando le particelle cariche. Questo aumento di energia può indurre la ionizzazione delle particelle neutre, che vengono poi assorbite come parte della regione, aumentando così la densità delle particelle cariche al suo interno.

INFORMAZIONI SULL'AUTORE

José Ruiz Watzeck

Giornalista, scrittore, autore, geografo, matematico, insegnante, neuropsicopedagogista, specialista nell'insegnamento superiore, laureato in Auditing, Management e Licenze ambientali, laureato in Geoprocessing e Georeferenziazione, pedagogista, specialista in Astronomia e Astrofisica.

www.ingramcontent.com/pod-product-compliance
Lightning Source LLC
Chambersburg PA
CBHW050810290526
45792CB00001B/62